U0329238

国家出版基金资助项目

现代数学中的著名定理纵横谈丛书

丛书主编　王梓坤

FERMAT PRINCIPLE—SHORTEST LINE

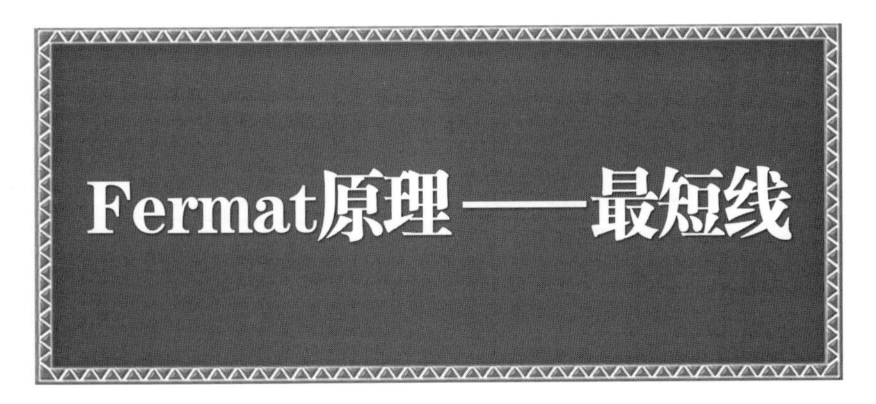

越民义　编著

哈爾濱工業大學出版社
HARBIN INSTITUTE OF TECHNOLOGY PRESS

内 容 简 介

一只苍蝇要想从一道墙壁上的点 A 爬到临近一道墙壁上的点 B,怎样爬路程最短？用一定长短的一道篱笆,怎样围所包含的面积最大？解决这一类问题,在数学上是属于变分学的范围的.

这本书完全用初等数学作基础,来向中等程度的读者介绍变分学.作者把一些数学问题联系到物理问题上去,证明虽然不是很严格,却很简单而直观,使读者很容易领会,而且对于读者发展这方面的数学才能也有帮助.

图书在版编目(CIP)数据

Fermat 原理:最短线/越民义编著.—哈尔滨:哈尔滨工业大学出版社,2021.1
(现代数学中的著名定理纵横谈丛书)
ISBN 978-7-5603-8601-0

Ⅰ.①F… Ⅱ.①越… Ⅲ.①费马原理 Ⅳ.①O435

中国版本图书馆 CIP 数据核字(2019)第 296984 号

策划编辑 刘培杰 张永芹
责任编辑 杨明蕾 刘春雷
封面设计 孙茵艾
出版发行 哈尔滨工业大学出版社
社 址 哈尔滨市南岗区复华四道街 10 号 邮编 150006
传 真 0451-86414749
网 址 http://hitpress.hit.edu.cn
印 刷 黑龙江艺德印刷有限责任公司
开 本 787mm×960mm 1/16 印张 9.75 字数 100 千字
版 次 2021 年 1 月第 1 版 2021 年 1 月第 1 次印刷
书 号 ISBN 978-7-5603-8601-0
定 价 48.00 元

法国数学家费马

(Fermat,1601—1665)

⊙代序

读书的乐趣

你最喜爱什么——书籍.

你经常去哪里——书店.

你最大的乐趣是什么——读书.

这是友人提出的问题和我的回答.真的,我这一辈子算是和书籍,特别是好书结下了不解之缘.有人说,读书要费那么大的劲,又发不了财,读它做什么?我却至今不悔,不仅不悔,反而情趣越来越浓.想当年,我也曾爱打球,也曾爱下棋,对操琴也有兴趣,还登台伴奏过.但后来却都一一断交,“终身不复鼓琴”.那原因便是怕花费时间,玩物丧志,误了我的大事——求学.这当然过激了一些.剩下来唯有读书一事,自幼至今,无日少废,谓之书痴也可,谓之书橱也可,管它呢,人各有志,不可相强.我的一生大志,便是教书,而当教师,不多读书是不行的.

读好书是一种乐趣,一种情操;一种向全世界古往今来的伟人和名人求教的方法,一种和他们展开讨论的方式;一封出席各种活动、体验各种生活、结识各种人物的邀请信;一张迈进科学宫殿和未知世界的入场券;一股改造自己、丰富自己的强大力量.书籍是全人类有史以来共同创造的财富,是永不枯竭的智慧的源泉.失意时读书,可以使人重整旗鼓;得意时读书,可以使人头脑清醒;疑难时读书,可以得到解答或启示;年轻人读书,可明奋进之道;年老人读书,能知健神之理.浩浩乎!洋洋乎!如临大海,或波涛汹涌,或清风微拂,取之不尽,用之不竭.吾于读书,无疑义矣,三日不读,则头脑麻木,心摇摇无主.

潜能需要激发

我和书籍结缘,开始于一次非常偶然的机会.大概是八九岁吧,家里穷得揭不开锅,我每天从早到晚都要去田园里帮工.一天,偶然从旧木柜阴湿的角落里,找到一本蜡光纸的小书,自然很破了.屋内光线暗淡,又是黄昏时分,只好拿到大门外去看.封面已经脱落,扉页上写的是《薛仁贵征东》.管它呢,且往下看.第一回的标题已忘记,只是那首开卷诗不知为什么至今仍记忆犹新:

日出遥遥一点红,飘飘四海影无踪.

三岁孩童千两价,保主跨海去征东.

第一句指山东,二、三两句分别点出薛仁贵(雪、人贵).那时识字很少,半看半猜,居然引起了我极大的兴趣,同时也教我认识了许多生字.这是我有生以来独立看的第一本书.尝到甜头以后,我便千方百计去找书,向小朋友借,到亲友家找,居然断断续续看了《薛丁山征西》《彭公案》《二度梅》等,樊梨花便成了我心中的女英雄.我真入迷了.从此,放牛也罢,车水也罢,我总要带一本书,还练出了边走田间小路边读书的本领,读得津津有味,不知人间别有他事.

当我们安静下来回想往事时,往往会发现一些偶然的小事却影响了自己的一生.如果不是找到那本《薛仁贵征东》,我的好学心也许激发不起来.我这一生,也许会走另一条路.人的潜能,好比一座汽油库,星星之火,可以使它雷声隆隆、光照天地;但若少了这粒火星,它便会成为一潭死水,永归沉寂.

抄,总抄得起

好不容易上了中学,做完功课还有点时间,便常光顾图书馆.好书借了实在舍不得还,但买不到也买不起,便下决心动手抄书.抄,总抄得起.我抄过林语堂写的《高级英文法》,抄过英文的《英文典大全》,还抄过《孙子兵法》,这本书实在爱得狠了,竟一口气抄了两份.人们虽知抄书之苦,未知抄书之益,抄完毫末俱见,一览无余,胜读十遍.

始于精于一,返于精于博

关于康有为的教学法,他的弟子梁启超说:“康先生之教,专标专精、涉猎二条,无专精则不能成,无涉猎则不能通也.”可见康有为强烈要求学生把专精和广博(即“涉猎”)相结合.

在先后次序上,我认为要从精于一开始.首先应集中精力学好专业,并在专业的科研中做出成绩,然后逐步扩大领域,力求多方面的精.年轻时,我曾精读杜布(J. L. Doob)的《随机过程论》,哈尔莫斯(P. R. Halmos)的《测度论》等世界数学名著,使我终身受益.简言之,即“始于精于一,返于精于博”.正如中国革命一样,必须先有一块根据地,站稳后再开创几块,最后连成一片.

丰富我文采,澡雪我精神

辛苦了一周,人相当疲劳了,每到星期六,我便到旧书店走走,这已成为生活中的一部分,多年如此.一次,偶然看到一套《纲鉴易知录》,编者之一便是选编《古文观止》的吴楚材.这部书提纲挈领地讲中国历史,上自盘古氏,直到明末,记事简明,文字古雅,又富于故事性,便把这部书从头到尾读了一遍.从此启发了我读史书的兴趣.

我爱读中国的古典小说,例如《三国演义》和《东周列国志》.我常对人说,这两部书简直是世界上政治阴谋诡计大全.即以近年来极时髦的人质问题(伊朗人质、劫机人质等),这些书中早就有了,秦始皇的父亲便是受害者,堪称"人质之父".

《庄子》超尘绝俗,不屑于名利.其中"秋水""解牛"诸篇,诚绝唱也.《论语》束身严谨,勇于面世,"己所不欲,勿施于人",有长者之风.司马迁的《报任少卿书》,读之我心两伤,既伤少卿,又伤司马;我不知道少卿是否收到这封信,希望有人做点研究.我也爱读鲁迅的杂文,果戈理、梅里美的小说.我非常敬重文天祥、秋瑾的人品,常记他们的诗句:"人生自古谁无死,留取丹心照汗青""休言女子非英物,夜夜龙泉壁上鸣".唐诗、宋词、《西厢记》《牡丹亭》,丰富我文采,澡雪我精神,其中精粹,实是人间神品.

读了邓拓的《燕山夜话》,既叹服其广博,也使我动了写《科学发现纵横谈》的心.不料这本小册子竟给我招来了上千封鼓励信.以后人们便写出了许许多多的“纵横谈”.

从学生时代起,我就喜读方法论方面的论著.我想,做什么事情都要讲究方法,追求效率、效果和效益,方法好能事半而功倍.我很留心一些著名科学家、文学家写的心得体会和经验.我曾惊讶为什么巴尔扎克在51年短短的一生中能写出上百本书,并从他的传记中去寻找答案.文史哲和科学的海洋无边无际,先哲们的明智之光沐浴着人们的心灵,我衷心感谢他们的恩惠.

读书的另一面

以上我谈了读书的好处,现在要回过头来说说事情的另一面.

读书要选择.世上有各种各样的书:有的不值一看,有的只值看20分钟,有的可看5年,有的可保存一辈子,有的将永远不朽.即使是不朽的超级名著,由于我们的精力与时间有限,也必须加以选择.决不要看坏书,对一般书,要学会速读.

读书要多思考.应该想想,作者说得对吗?完全吗?适合今天的情况吗?从书本中迅速获得效果的好办法是有的放矢地读书,带着问题去读,或偏重某一方面去读.这时我们的思维处于主动寻找的地位,就像猎人追找猎物一样主动,很快就能找到答案,或者发现书中的问题.

有的书浏览即止,有的要读出声来,有的要心头记住,有的要笔头记录.对重要的专业书或名著,要勤做笔记,“不动笔墨不读书”.动脑加动手,手脑并用,既可加深理解,又可避忘备查,特别是自己的灵感,更要及时抓住.清代章学诚在《文史通义》中说:“札记之功必不可少,如不札记,则无穷妙绪如雨珠落大海矣.”

许多大事业、大作品，都是长期积累和短期突击相结合的产物．涓涓不息，将成江河；无此涓涓，何来江河？

爱好读书是许多伟人的共同特性，不仅学者专家如此，一些大政治家、大军事家也如此．曹操、康熙、拿破仑、毛泽东都是手不释卷，嗜书如命的人．他们的巨大成就与毕生刻苦自学密切相关．

王梓坤

◎ 目录

第一讲

第二讲

第一讲

最简单的面上的最短线

第1章

§0　从一道南京大学自主招生试题谈起

在2009年南京大学自主招生试题中有一道题如下：

圆柱形玻璃杯高8 cm，杯口周长12 cm. 内壁距杯口2 cm的点A处有一点蜜糖，点A正对面的外壁（不是点A的外壁）距杯底2 cm的点B处有一小虫，若小虫沿杯壁爬向蜜糖处饱食一顿，最少要爬________ cm.（不计杯壁厚度与小虫的尺寸）

解　见图0. 解法也很简单.

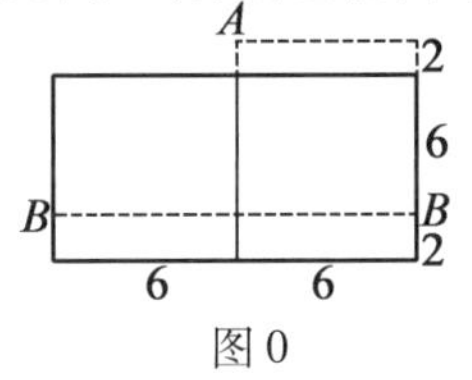

图0

将圆柱体的侧面展开,并将点 A 从内部翻折出来,易得线段 AB 最短,$AB=\sqrt{6^2+8^2}=10$ cm.

此题背景深远,属于最短线问题.

§1　多面角的面上的最短线

1. **二面角上的最短线**　读者当然知道,联结平面上两点的所有线当中,最短的线是线段.

我们现在来研究任意一个面上的两点 A 和 B,它们可以用这个面上的无数条线来联结. 但是这些线当中哪一条最短? 换句话说,要想沿这个面从点 A 到点 B,应该怎样走路程最短?

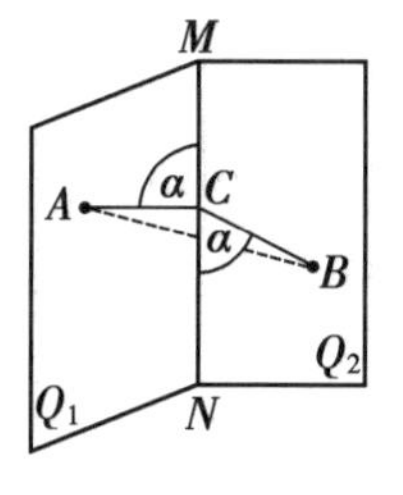

图 1

我们先就一些最简单的面来解这一问题. 我们从这样的一个问题开始:给定一个二面角[①],它的两个面是 Q_1 和 Q_2,棱是 MN;在这两个面上给定两点:Q_1 上的点 A 和 Q_2 上的点 B(图 1). 点 A 和点 B 可以用无数条在这个二面角的面 Q_1 和 Q_2 上的线联结起来. 我们要在这些线当中求出最短的一条.

若二面角等于平角(180°),那么面 Q_1 和 Q_2 当中的一面是另一面的延续(也就是合成一个平面),因而所寻求的最短线也就是联结点 A 和点 B 的直线段 AB.

① 图 1 上所画的只是这个无限延伸的二面角的一部分.

但若这个二面角不等于平角，面 Q_1 和 Q_2 就不可能一面是另一面的延续，因而直线段 AB 就不在这两个面上. 我们把这两面当中的一面绕着直线 MN 转，使这两面变成一面是另一面的延续，换句话说，把这个二面角展在一个平面上（图2）. 面 Q_1 和 Q_2 变成了半平面 Q_1'和 Q_2'；直线 MN 变成了分开 Q_1'和 Q_2'的直线 $M'N'$；点 A 和 B 变成了点 A'和 B'（A'落在 Q_1'上，B'落在 Q_2'上）；在二面角的面上联结 A,B 两点的每一条线也都变成了我们的平面上联结 A',B'两点的和原来同样长短的线. 二面角的面上联结 A,B 两点的最短线，也就是变成了直线段 $A'B'$. 这条线段交直线 $M'N'$于某一点 C'，$\angle A'C'M'$和$\angle N'C'B'$是对顶角，所以相等（图2）. 它们每一个的大小记作 α.

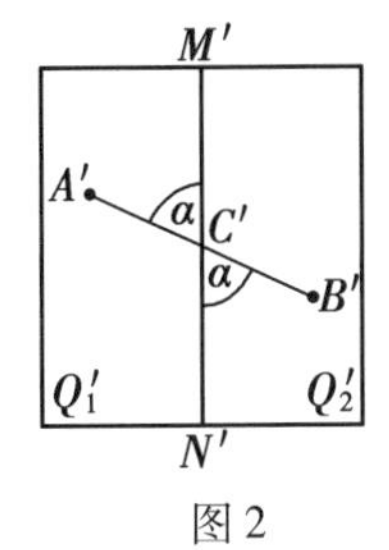

图2

我们现在把 Q_1'和 Q_2'绕 $M'N'$转，使得又重新得到原来的二面角. 半平面 Q_1'和 Q_2'再变成这个二面角的面 Q_1 和 Q_2，$M'N'$变成棱 MN，而点 A'和 B'变成点 A（在面 Q_1 上）和点 B（在面 Q_2 上），直线段 $A'B'$就变成在这个二面角的面上联结 A,B 两点的最短线. 这条最短线显然就是折线 ACB，它的 AC 那一段在面 Q_1 上，CB 这一段在面 Q_2 上. 显然，由两个互等的角$\angle A'C'M'$和$\angle N'C'B'$所变成的角$\angle ACM$ 和$\angle NCB$ 仍等于 α，也就是说它们仍相等. 因此，在二面角的面上联结它上面的（不在同一面上的）两点 A 和 B 的线当中最短的是

ACB 这条折线，它的顶点 C 在棱 MN 上，而它的两条边和棱所作成的两个角 $\angle ACM$ 和 $\angle NCB$ 相等.

我们有时给现在所讨论的这个问题带上一点半开玩笑的性质. 一只苍蝇要想从一道墙壁上的点 A 爬到临近一道墙壁上的点 B. 假若它要沿墙壁从点 A 爬过最短的路径到达点 B，试问它应该怎样爬？我们现在要得出解答已经不难了.

2. **多面角面上的最短线** 我们现在来讨论比较复杂一点的情形. 给定一个多面角的面（图 3），它是由几个面 Q_1，Q_2，Q_3，Q_4，$\cdots$，Q_n 和棱 M_1N_1，M_2N_2，M_3N_3，$\cdots$，$M_{n-1}N_{n-1}$ 所组成（图 3 所画的是 $n=4$ 的情形）. 在这个多面角的两个不同的面上（比如 Q_1 和 Q_4 上）给定两点 A 和 B. 现在要求出这个多面角的面上联结点 A 和 B 的最短线.

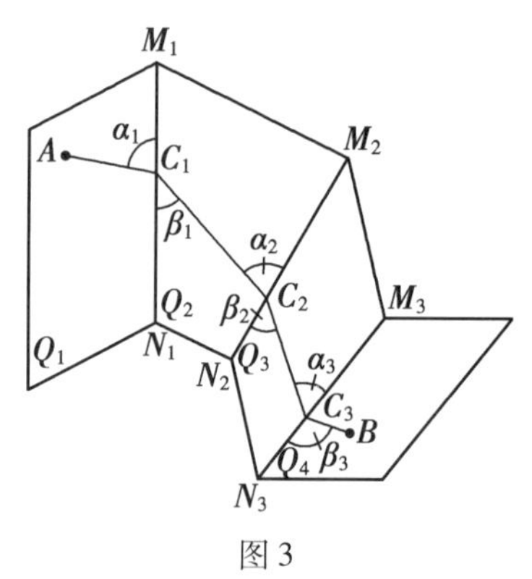

图 3

假设最短的是线 AB，又设这条线通过面 Q_1，Q_2，Q_3，Q_4. 我们现在把这些面所组成的这一部分多面角展在一个平面上（图 4）. 这时候这些面变成了这个平

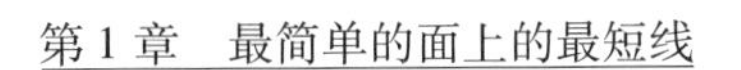

面上的多边形 $Q_1'Q_2'Q_3'Q_4'$，而把面 Q_1, Q_2, Q_3, Q_4 两两接连起来的棱 M_1N_1, M_2N_2, M_3N_3 变成了多边形 $Q_1'Q_2'Q_3'Q_4'$的边 $M_1'N_1', M_2'N_2', M_3'N_3'$，这些多边形就是由它们两两连接在一起的. 点 A 和点 B 变成了平面上的点 A'和 B'，而在多面角的面被展开的这一部分上联结 A, B 两点的线也变成平面上联结 A', B'两点的线，联结 A, B 两点的线当中最短的线也就变成联结 A', B'两点的最短的平面上的线，也就是变成了直线段 $A'B'$①. 在这里，我们完全重复先前的论证：由直线$A'B'$和边 $M_1'N_1'$所作成的对顶角 α_1 和 β_1 相等；同理，由直线 $A'B'$和边 $M_2'N_2', M_3'N_3'$所作成的对顶角 α_2 和 β_2，α_3 和 β_3 也两两相等(图 4).

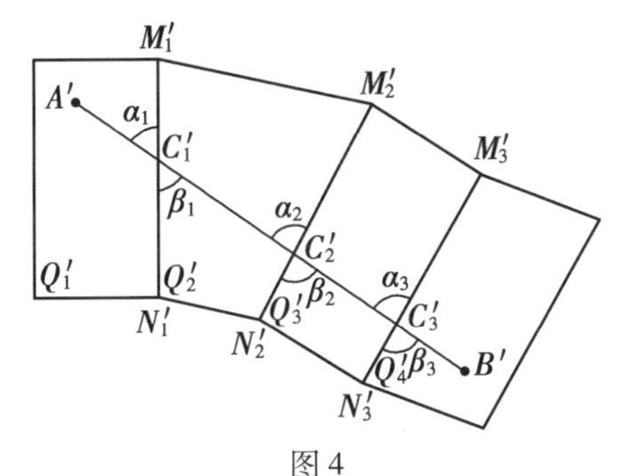

图 4

假若重新把构成这些多边形的这一部分平面弯折成多面角的面，使得多边形 Q_1'重新变成面 Q_1，多边形 Q_2'重新变成面 Q_2，多边形 Q_3'变成面 Q_3，多边形 Q_4'变成面 Q_4，那么点 A'和 B'就变成点 A 和 B，而直线段

① $A'B'$穿过这些多边形的其他边的情形，我们这里不讨论了.

$A'B'$变成线$\overset{\frown}{AB}$,变成多面角的面上联结 A,B 两点的最短线. 这条最短线是一条折线,它的顶点在多面角的面的一些棱 M_1N_1,M_2N_2,M_3N_3 上. 而由它的相接的两条边和棱所作成的角 α_1 和β_1(以及 α_2 和β_2,α_3 和β_3)相等.

3. 棱柱侧面上的最短线

在图 5 上画的是一个棱柱[①]和联结这个棱柱上不在同一侧面上的两点 A 和 B 的最短线. 这条最短线是一条折线,它的顶点是棱柱的棱上的 C_1,C_2,C_3,而它的相接的两边和这两边的公共顶点所在的一条棱所作成的角,由前所说,是互等的,即

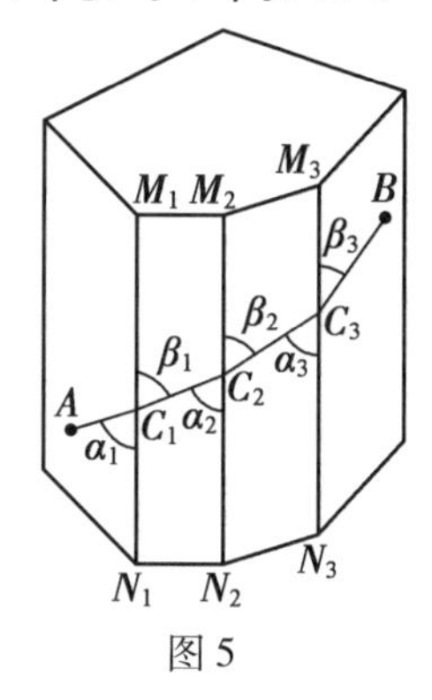

图 5

$$\alpha_1=\beta_1,\alpha_2=\beta_2,\alpha_3=\beta_3,\cdots$$

除此之外,我们还有 $\beta_1=\alpha_2$.

实际上,这两个角是平行线 M_1N_1,M_2N_2 和截线 C_1C_2 所成的内错角. 同理,$\beta_2=\alpha_3$. 因此,我们有

$$\alpha_1=\beta_1=\alpha_2=\beta_2=\alpha_3=\beta_3=\cdots$$

换句话说,棱柱侧面上的最短折线 AB 的各边和棱柱的各个棱所作成的角互等.

4. 棱锥的面上的最短线 设在顶点是 O 的棱锥[②]的两个侧面上给定了两点 A 和 B(图 6). 这两点可以在锥面上用无数条线联结起来,这些线当中有一条最短的线$\overset{\frown}{AB}$. 根据前面所说,线 $\overset{\frown}{AB}$ 是一条折线,它的顶

---

① 棱柱的侧面应当想象成是无限延伸的.

② 棱锥的侧面应当想象成是无限延伸的.

点 $C_1,C_2,C_3,\cdots$ 在棱锥的棱上,而由这条折线的各边和棱锥的棱所作成的角 α_1 和 β_1, α_2 和 β_2, α_3 和 $\beta_3\cdots\cdots$,一定两两相等

$$\alpha_1=\beta_1,\alpha_2=\beta_2,\alpha_3=\beta_3,\cdots$$

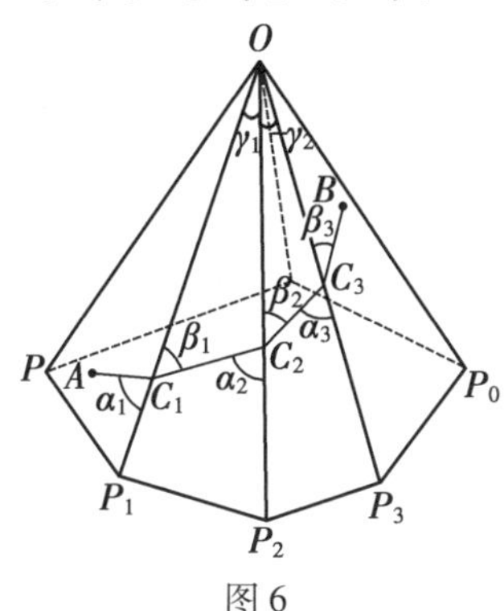

图 6

我们现在来研究边 C_1C_2 所在的面 P_1OP_2:若 γ_1 表示 $\angle P_1OP_2$,则在 $\triangle C_1OC_2$ 里,角 α_2 是外角,而角 β_1 和 γ_1 是内角. 三角形的外角等于两内对角的和,所以

$$\alpha_2=\beta_1+\gamma_1 \quad 或 \quad \alpha_2-\beta_1=\gamma_1$$

但因 $\beta_1=\alpha_1$,所以 $\alpha_2-\alpha_1=\gamma_1$.

同理,$\alpha_3-\alpha_2=\gamma_2$,这里 γ_2 是相邻的两个侧棱 OP_2 和 OP_3 之间的交角,等等.

因此,最短线和棱锥的任意两个棱相交的角的差等于在顶端的相应几个平面角的和.

§2　圆柱面上的最短线

1. 圆柱面上的最短线　我们现在来求某些最简单

的曲面上的最短线. 先从圆柱面开始①.

我们先要注意,圆柱面可以用一组和圆柱面的轴平行、因而自身也就互相平行的直线全部盖满. 这些直线叫作圆柱面的母线.

在圆柱面上给定两点 A 和 B(图 7). 我们要从那些在圆柱面上联结 A,B 两点的曲线当中找出最短的那一条. 用 $\overset{\frown}{AB}$ 来记这一条联结 A,B 两点的最短线. 我们先讨论 A,B 两点不在同一条母线上的情形.

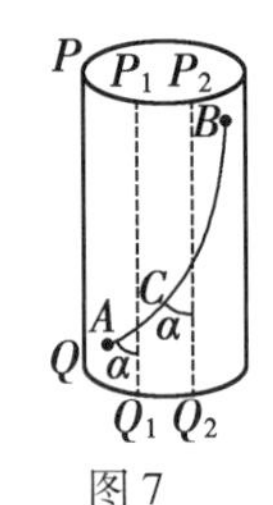

图 7

我们把圆柱面沿着某一条母线 PQ(和$\overset{\frown}{AB}$不相交的)剪开,并且把它展开在一个平面上;于是就得到一个矩形(图 8)(它的一对边 $P'P''$和$Q'Q''$是由展开圆柱面两端的圆周而得到的;另一对边 $P'Q'$和 $P''Q''$是由切口 PQ 的两边所作成). 圆柱的母线变成和矩形的边 $P'Q'$相平行的直线. A,B 两点变成联结矩形里面的 A',B'两点. 在圆柱面上联结 A,B 两点的线变成联结矩形里面 A',B'两点的平面上的线. 圆柱面上联结 A,B 两点的最短弧 $\overset{\frown}{AB}$ 变成联结 A',B'两点的最短的平面上的线,就是直线段 $A'B'$. 因此,在把圆柱的侧面展开成平面上的矩形之后,圆柱面上的最短弧 $\overset{\frown}{AB}$ 变成直线段 $A'B'$. 圆柱的母线 $P_1Q_1,P_2Q_2,\cdots$变成和矩形 $P'Q'Q''P''$的边 $P'Q',P''Q''$相平行的直线$P_1'Q_1'$,$P_2'Q_2',\cdots$线段 $A'B'$和这些直线所作成的角,作为平行线的同位角,是互等的. 用 α 来记这些角的大小.

① 现在所讨论的有限圆柱面(图 7)是无限圆柱面的一部分.

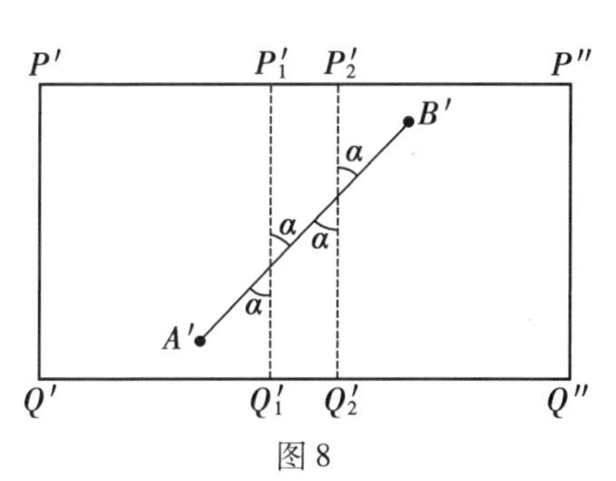

图8

我们现在把矩形 $P'Q'Q''P''$ 卷起来(把它的对边 $P'Q'$ 和 $P''Q''$ 粘在一起),使得它又重新回到本来圆柱的形式. 点 A' 和 B' 又再变成圆柱面的点 A 和 B,而 A',B' 的连线 $A'B'$ 又再变成圆柱面上的最短弧 $\overset{\frown}{AB}$;直线 $A'B'$ 和直线 $P_1'Q_1'$,$P_2'Q_2'$,…的交角变成和它相等的、弧 $\overset{\frown}{AB}$ 和圆柱母线 P_1Q_1,P_2Q_2,…的交角. 因为直线 $A'B'$ 截所有和 $P'Q'$ 平行的直线成等角 α,所以 $A'B'$ 所变成的最短弧 $\overset{\frown}{AB}$ 截圆柱所有的母线成等角 α(图7).

我们再来讨论 A,B 两点在同一条母线上的这种特别情形(图9). 显然,在这种情形,母线上的这一段线 AB 就是圆柱面上 A,B 两点之间的最短距离.

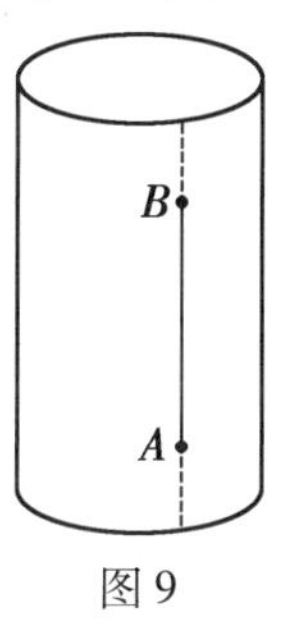

图9

我们还要把 A,B 两点在圆柱的同一圆截线上的这种特别情形挑出来谈一谈(图 10). 这条截线的弧 $\breve{AB}$ 和所有的母线垂直. 它就是联结 A,B 两点的最短弧.

若把圆柱面沿着和弧 $\breve{AB}$ 不相交的母线剪开,并把它展成平面上的矩形,那在刚才所讨论的两种特别情形里,最短弧变成和矩形的边平行的线段. 在所有的其他情形中,最短线都和母线相交成一个不等于直角的角(同时也不等于 0)[①].

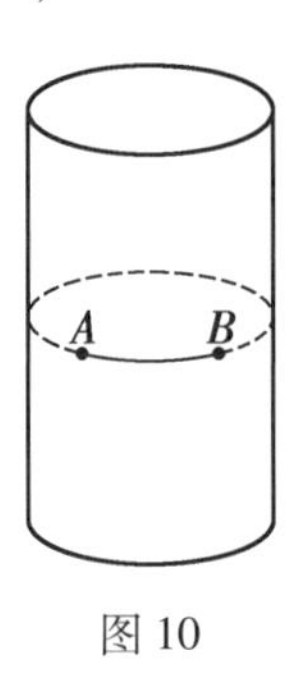

图 10

2. **螺旋线** 圆柱面上截所有母线成等角(不等于直角)的曲线叫作螺旋线.

我们用 α 记螺旋线和圆柱母线的交角. 和圆柱母线相交成直角的线是圆截线. 我们可以把圆截线看成是螺旋线的一个极限情形,这时候 α 变成直角. 同理,圆柱的母线也可以看成是另一个极限情形,这时候 α

① 读者如能把寻求圆柱面上的最短线这一问题和前文寻求棱柱上的最短折线问题比较一下,倒很有意思(前一问题是后一问题的极限情形).

变成 0.

我们现在来研究圆柱面上的两个运动:和轴平行(沿母线)的运动与用一定速度绕着轴转(沿圆截线)的运动.

这两个运动任何一个都可以朝着两个相反的方向进行. 我们把在直立圆柱上的向上的运动作为正,向下的运动作为负,又把在直立圆柱上从右到左的转动(对于头上脚下沿着圆柱的轴站着的人来说)或逆时针转动作为正转动;从左到右的转动或顺时针转动作为负转动.

沿螺旋线的运动可以从两个运动相加得到:这两个运动就是和圆柱的轴平行的运动和绕轴的转动. 假若沿着一条螺旋线向上运动同时做着正转动——从右到左(图 11),这条螺旋线就叫作右螺旋线,若是向上运动同时做着负转动——从左到右,这条螺旋线就叫作左螺旋线.

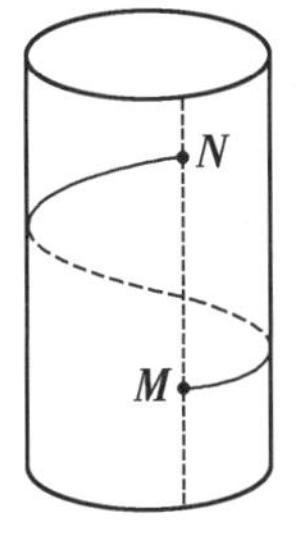

图 11

许许多多绕着直立的支杆爬的蔓生植物(牵牛花、菜豆)都取右螺旋线的形式(图 12). 另外,例如蛇麻草,却取左螺旋线的形式(图 13).

假设一点在沿螺旋线运动的时候,交某一母线于点 M,而在继续沿这条螺旋线运动的时候,它又再交这

条母线于点 N；当这点走完螺旋线的弧 $\overset{\frown}{MN}$ 的时候，它就绕着圆柱的轴转了一个全周；同时它还向上走了一段距离，等于直线段 MN 的长（图 11）. 假若转动的速度是 0，因而点只是沿着母线平行圆柱的轴移动，这时就出现了第一种极限情形；假若平行圆柱的轴的移动速度是 0，因而点只是绕轴沿圆周转动，这时就出现了另一种极限情形.

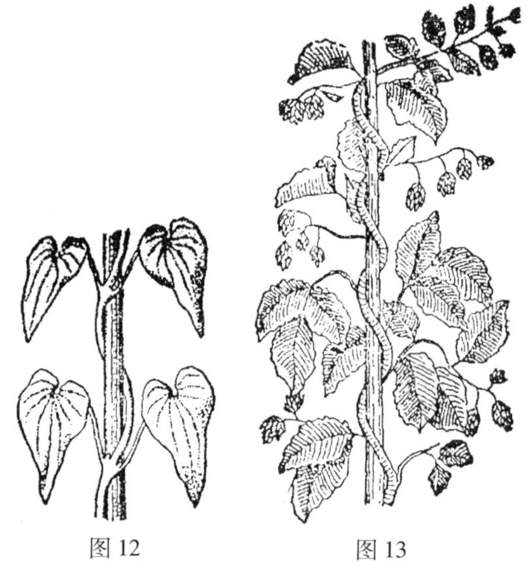

图 12　　　　图 13

根据以上所说，我们就得出：

定理 1.1　圆柱面上联结给定的 A,B 两点的最短弧 $\overset{\frown}{AB}$ 是一条螺旋线的弧.

3. **联结给定的两点的螺旋线**　圆柱面上的两点可以用不同的螺旋线弧联结起来. 假定圆柱面上的两点

是由最短弧 $\overset{\frown}{AB}$ 联结在一起的；这段弧一定是一条螺旋线的弧，而当把圆柱面展开（沿一条和弧 $\overset{\frown}{AB}$ 不相交的母线剪开）成平面上的矩形的时候，它就变成了一条直线段（图 7 和图 8）.

我们现在把圆柱面沿一条和最短弧 $\overset{\frown}{AB}$ 相交于点 C 的母线 P_1Q_1 剪开（图 7）. 弧 $\overset{\frown}{AB}$ 就被切成 $\overset{\frown}{AC}$ 和 $\overset{\frown}{CB}$ 两段，假若把圆柱面展开成平面上的矩形，A，B 两点就分别变成矩形里面的 A''和 B''两点（图 14），而弧 $\overset{\frown}{AB}$ 的两个部分 $\overset{\frown}{AC}$ 和 $\overset{\frown}{CB}$ 分别变成直线段 $A''C''$和 $B''C'$. 但点 A''和 B''可以用矩形 $P_1'Q_1'Q_1''P_1''$里面的直线段 $A''B''$联结在一起. 显然，$A''B''$是在这个矩形里面联结 A''和 B''两点的任何连线当中最短的一条.

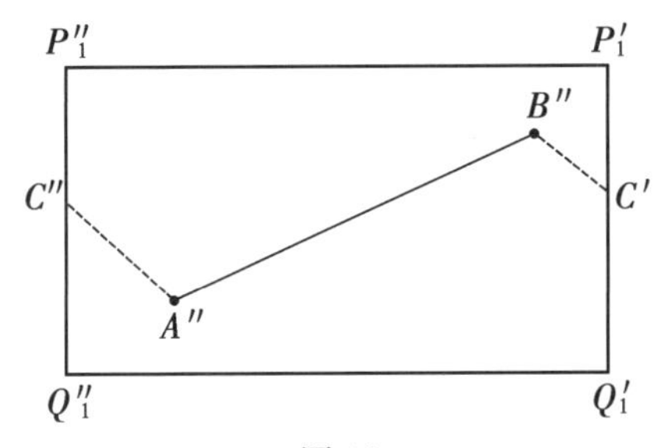

图 14

现在把我们矩形的侧边 $P_1'Q_1'$ 和 $P_1''Q_1''$粘在一起，使得 C'和 C''合在一起占据了位置 C，这样重新把这个矩形卷成圆柱；这时 A''和 B''两点重新变成圆柱面上的 A，B 两点，直线段 $A''C''$和 $B''C'$变成圆柱面上联结 A，B 两点的最短弧 $\overset{\frown}{AB}$. 而直线段 $A''B''$也变成一条螺旋线弧 $\underset{\frown}{AB}$，它也联结 A，B 两点. 在图 15 里，$\overset{\frown}{AB}$ 是过 A，B

两点的右螺旋线弧,AB 是左螺旋线弧.

和矩形的边 $P_1'\overset{\frown}{Q_1}'$ 或 $P_1''Q_1''$ 不相交的线,在矩形卷成圆柱之后,变成了和母线 P_1Q_1 也不相交的线(因为矩形的边 $P_1'Q_1'$ 和 $P_1''Q_1''$ 是沿这条直线粘起来的). 在这些线当中最短的是弧 $\overset{\frown}{AB}=\overset{\frown}{AmB}$(图 15),但它可能不是圆柱面上联结 A,B 两点的所有线当中最短的一条,因为假若 $\overset{\smile}{AB}$ 比 $\overset{\frown}{AB}$ 短,那 $\overset{\frown}{AB}$ 就不是圆柱面上联结 A,B 两点的最短线.

现在过点 A 和圆柱的轴引半平面 R_1,又过点 B 和圆柱的轴引半平面 R_2(图 15).

这两个半平面做成两个二面角. 这两角当中的一角包含弧 $\overset{\smile}{AB}$,另一角包含弧 $\overset{\frown}{AB}$. 这两条弧当中比较短的是在比较小的二面角里面的一条.

但若半平面 R_1 和 R_2 一个是另一个的延续(也就是它们的夹角等于一个平角),那弧 $\overset{\smile}{AB}$ 和 $\overset{\frown}{AB}$ 在长度上相等. 在这种情形,圆柱面上联结 A,B 两点的最短弧就有两条(长度一样)(图 16).

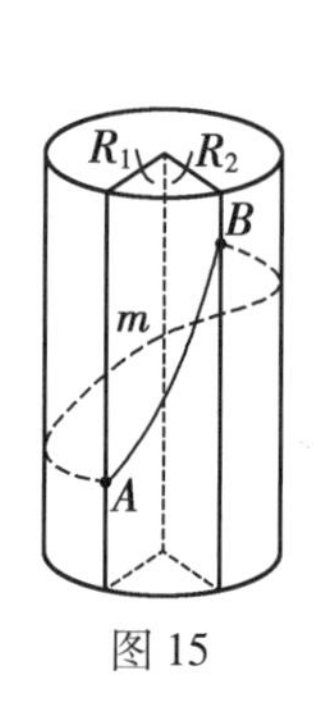

图 15

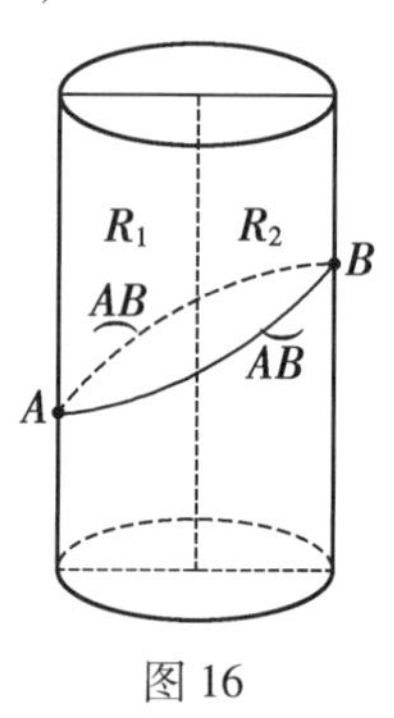

图 16

我们所讨论的联结 A,B 两点的螺旋线弧 $\overset{\smile}{AB}$ 和

$\overset{\frown}{AB}$ 有一个共通的性质：沿这两条弧的任何一条从点 A 到点 B，我们总没有绕圆柱的轴转完一个全周.

现在把一张狭长的矩形纸条（假定它的宽等于圆柱的高（图 17））绕圆柱里缠许多层. 在这张纸上用针在 A，B 两点各穿一孔，然后把它展开成平面上的矩形. 纸条上的某些地方会有点 A 的穿孔痕迹，在图 18 里，这些痕迹用字母 A_1'，A_2'，A_3'，…来记. 这些痕迹在一条和矩形横边平行的水平直线上. 若过点 A_1'，A_2'，A_3'，…引直线 $P_1'Q_1'$，$P_2'Q_2'$，$P_3'Q_3'$，…和矩形的另一对边平行，我们就分出了一个矩形 $P_1'Q_1'Q_2'P_2'$，它是纸条恰好绕圆柱一个全周的那一部分；当把纸条卷在圆柱上的时候，切口 $P_1'Q_1'$ 和 $P_2'Q_2'$ 就落在圆柱上面过点 A 的母线 PQ 上；同时，重合在一起的点 A_1'，A_2' 就落在圆柱的点 A 上.

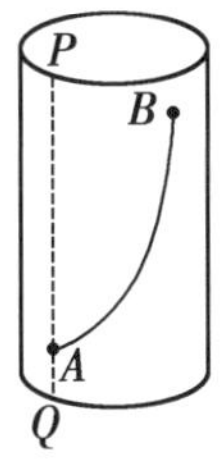

图 17

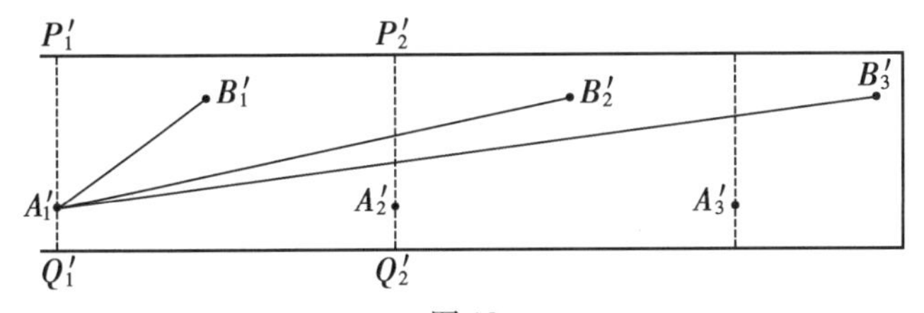

图 18

纸条上的点 B_1'，B_2'，B_3'，…是圆柱上点 B 的穿孔痕迹. 它们的分布完全和点 A_1'，A_2'，A_3'，…的分布相似.

用直线把点 A_1' 和点 B_1'，B_2'，B_3'…联结起来. 然后重新把我们的纸条卷在圆柱上，使得点 A_1'，A_2'，A_3'，…仍旧落在圆柱的点 A，点 B_1'，B_2'，B_3'，…仍旧落在圆柱的点 B 上. 直线段 $A_1'B_1'$ 变成了

螺旋线弧 $\overset{\frown}{AB}$(图 17),关于这条螺旋线弧,我们前面已经谈到过.

假若沿着圆柱面上的曲线 $\overset{\frown}{AB}$ 从点 A 到点 B,我们绕圆柱的轴完成了多于 n 个而少于 $n+1$ 个正(负)的全周,或恰好 n 个全周,为简单起见,我们就说,这条曲线 $\overset{\frown}{AB}$ 绕圆柱的轴转了 n 个正(负)整周.

当把平面裹缠在圆柱上的时候,直线段 $A_1'B_2'$ 也变成联结 A,B 两点的一条螺旋线弧 $(\overset{\frown}{AB})_1$(图 19);同样,直线段 $A_1'B_3',A_1'B_4',\cdots$ 也变成联结这两点的螺旋线弧 $(\overset{\frown}{AB})_2$(图 20),$(\overset{\frown}{AB})_3,\cdots$,弧 $(\overset{\frown}{AB})_1$ 绕圆柱轴转了一个正整周,弧 $(\overset{\frown}{AB})_2,(\overset{\frown}{AB})_3,\cdots$ 分别转了两个、三个、……这样的整周.

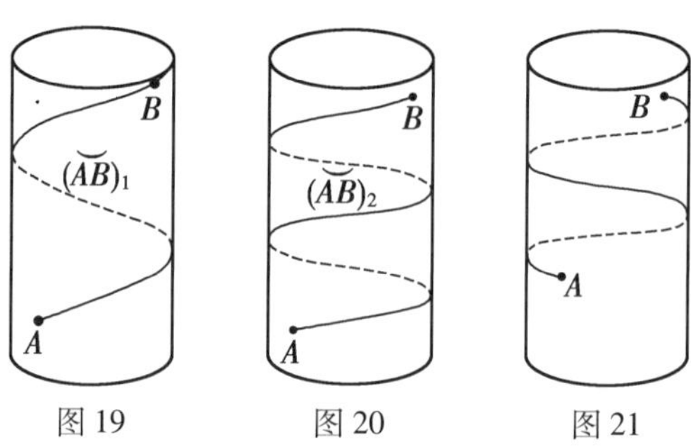

图 19　　图 20　　图 21

弧 $(\overset{\frown}{AB})_1$ 是联结 A,B 两点并绕圆柱轴转一个正整周的弧当中最短的一条. 同样,$(\overset{\frown}{AB})_2,(\overset{\frown}{AB})_3$ 等分别是转两个、三个等这样的整周的弧当中最短的.

上面所讨论的弧都是右螺旋线弧. 同样也可以得到联结 A,B 两点绕圆柱轴转一个、两个、三个……负整周的左螺旋线弧(图 21). 这些弧每一条都是联结 A,B 两

点并绕圆柱的轴转相应数目的负整周的最短线.

我们现在来说明，一根在点 A 和点 B 固定并且绷得紧紧的弹性细线，比如一根橡皮筋在圆柱面上是落在什么样的位置的. 绷紧的时候，这根细线落在一条最短线上，就是说，落在一条联结 A，B 两点的螺旋线上. 比如说，假若我们把细线缠在圆柱上，使得沿着这根细线移动的时候，必须绕轴作正转(从右到左)，那么这根细线就落在螺旋线 $\overset{\smile}{AB}$，$(\overset{\smile}{AB})_1$，$(\overset{\smile}{AB})_2$，… 当中的一条上. 假若这根细线绕圆柱的轴转不到一全周，它就落在 $\overset{\smile}{AB}$ 的位置；假若转过了一全周，就落在$(\overset{\smile}{AB})_1$ 的位置；假若转过了两全周，就落在$(\overset{\smile}{AB})_2$ 的位置，等等.

事实上，在平面上的矩形上，紧绷在点 A_1' 和点 B_1'，B_2'，B_3'，… 当中某一点的细线必落在直线段 $A_1'B_1'$，$A_1'B_2'$，$A_1'B_3'$，… 当中的一条上. 假若把这张纸裹缠在圆柱面上，使得点 A_1' 落在点 A 上，点 B_1'，B_2'，B_3'，… 落在点 B 上，那么这根绷得很紧的细线必分别合在螺旋线弧 $\overset{\smile}{AB}$，$(\overset{\smile}{AB})_1$，$(\overset{\smile}{AB})_2$，… 上.

§3　锥式曲面上的最短线

1. 锥式曲面上的最短线　设从点 O 引两条射线 OA 和 ON，使射线 OA 绕射线 ON 转. 这时候射线 OA 所描出的面叫作锥式曲面(圆锥曲面)(图 22)，ON 叫作圆锥的轴. 过点 O 引出的在锥式曲面上的射线叫作圆锥的母线①.

① 图 22 里所画的只是无限圆锥的一部分.

假若过母线 OA 和 OC 所引的平面也过圆锥的轴，这两条母线就叫作对母线. 两条对母线把圆锥分成两个相等的(全同的)部分. 我们把锥式曲面沿母线 OA 剪开;剪开以后,锥式曲面就可以展开在平面上. 圆锥的顶点 O 变成平面上的点 O',圆锥的母线变成平面上过点 O'的射线. 整个锥式曲面就变成平面上的某一个 $\angle A_1'O'A_2'$(图 23),这个角叫作圆锥的展开角,它总小于 360°. 角的边 $O'A_1'$和 $O'A_2'$是由锥式曲面上的母线 OA 做成的,我们就是沿着这条母线把锥式曲面剪开的. 和母线 OA 相对的母线 OC 变成了 $\angle A_1'O'A_2'$的平分线 $O'C'$. 事实上,OA 和 OC 两条母线把沿 OA 剪开的锥式曲面分成两个相等的部分 S 和 T. 当把这个曲面展成平面上的 $\angle A_1'O'A_2'$的时候,圆锥的这两个部分各变成了这个角的一半 S'和 T',而母线 OC 变成了这个角的平分线 $O'C'$.

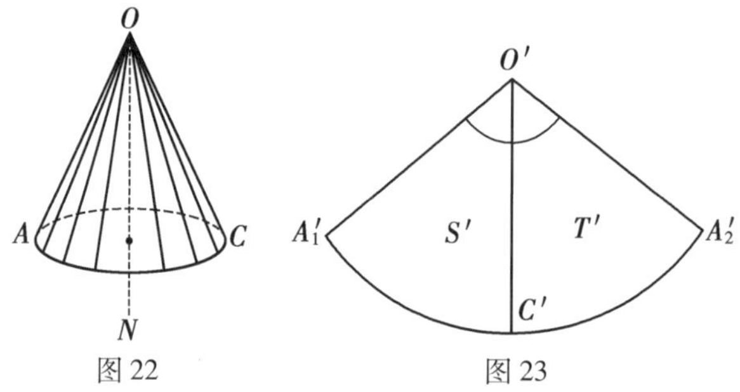

图 22　　　　图 23

我们已经把剪开了的锥式曲面展开在平面上. 现在我们做一个相反的动作——把 $\angle A_1'O'A_2'$ 卷成圆锥. 这时候点 O'变成了圆锥的顶点 O,角的边 $O'A_1'$和 $O'A_2'$变成了同一条母线.

我们把平面沿角的边 $O'A_1'$剪开. 再把剪开了的平面裹在圆锥上. 一般说来,这时候平面要把圆锥面裹上

几层. 比如说,假若圆锥的展开角等于 90°,那平面就要把圆锥面裹上四层;这就是说,假若过点 O'引射线 $O'A_2'$,$O'A_3'$,$O'A_4'$分别和 $O'A_1'$成 90°,180°,270°的角,那在把剪开了的平面裹在圆锥上的时候,$\angle A_1'O'A_2'$,$\angle A_2'O'A_3'$,$\angle A_3'O'A_4'$,$\angle A_4'O'A_1'$当中的任何一角都完全盖满了圆锥的面. 全部在一起,我们就用剪开了的平面把圆锥裹了四层. 平面上的射线$O'A_1'$,$O'A_2'$,$O'A_3'$,$O'A_4'$都变成圆锥上的同一条母线.

如果展开的角等于 100°,那么剪开的平面就会有三层完全盖满圆锥面,此外,圆锥有一部分还裹上了第四层(平面是由三个用 O'作顶点的互相邻接的 100°的角和一个 60°的角所组成,100°的角每一个把整个圆锥面裹上一层,60°的角又裹上了这个面的一部分).

2. 锥式曲面上的短程线　我们现在来讨论平面上一条任意直线 l'. 假设直线 l'经过点 O',因而它就是由两条射线 $O'D'$和 $O'E'$所组成(图 24). 把平面裹在圆锥上的时候(这时点 O'落在圆锥的顶点 O 上),射线 $O'D'$和 $O'E'$的每一条都变成了圆锥上的一条母线. 我们的直线变成了两条母线①.

现设直线 l'不过点 O'(图 25). 我们沿一条和直线 l'平行的射线 $O'A'$把平面剪开,并把剪开了的平面裹在锥式曲面上. 这时直线 l'变成了锥式曲面上的某一条曲线 l(图 26),这条曲线 l 叫作圆锥面上的短程线(也叫测地线). 直线 l'上的每一段都变成曲线 l 上的

---

① 这两条母线可能合并成一条. 假若圆锥展开角的度数是 180°的一个因数,就是说,假如这个角等于 180°,90°,60°,…一般说等于$\frac{180°}{k}$,k 是整数,那么这种情形就会发生.

一段弧. 反过来,曲线 l 的每一段弧,在把锥式曲面展开在平面上的时候,又变成了直线 l 上的一段.

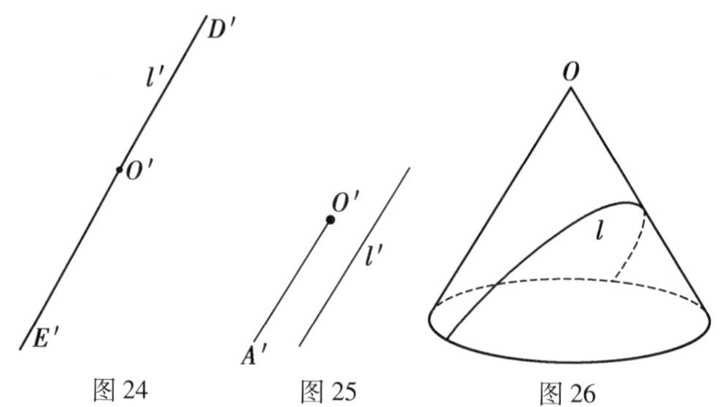

图 24 图 25 图 26

这样得到的曲线在圆锥面上所起的作用和螺旋线在圆柱面上所起的作用相似.

我们现在把锥式曲面上的 A,B 两点用这个曲面上的一切可能的线联结起来,并设它们当中的一条,弧 $\overset{\frown}{AB}$,长度最短. 当把锥式曲面展开在平面上的时候,弧 $\overset{\frown}{AB}$ 就变成平面上的弧 $A'B'$;由于弧 $\overset{\frown}{AB}$ 是锥式曲面上联结 A,B 两点的线当中最短的一条,所以 $A'B'$是平面上联结 A',B'的线当中最短的一条. 可知 $A'B'$是一直线段. 当把锥式曲面展开在平面上的时候变成了一直线段的弧 $\overset{\frown}{AB}$,是一条短程线弧.

我们现在看得出来,短程线的形状实质上是根据圆锥的展开角而不同的.

3. 短程线上的二重点 我们先引进下面的定义. 假设沿某一条线 q 移动,我们两次经过同一点 A,这点

A 就叫作线 q 的二重点[①]. 图 27 里的点 B 是线 l 的一个二重点:沿线 l 顺着箭头的方向移动,我们就两次经过点 B.

定理 1.2　若圆锥的展开角大于或等于 180°,则在它上面的短程线就没有二重点. 但若圆锥的展开角小于 180°,则所有的短程线至少有一个二重点.

我们现在来看平面上的一点 O' 和不过 O' 的直线 l(图 28). 若把平面裹在圆锥上,使得 O' 落在圆锥的顶点 O 上,则直线 l' 就变成一条短程线 l.

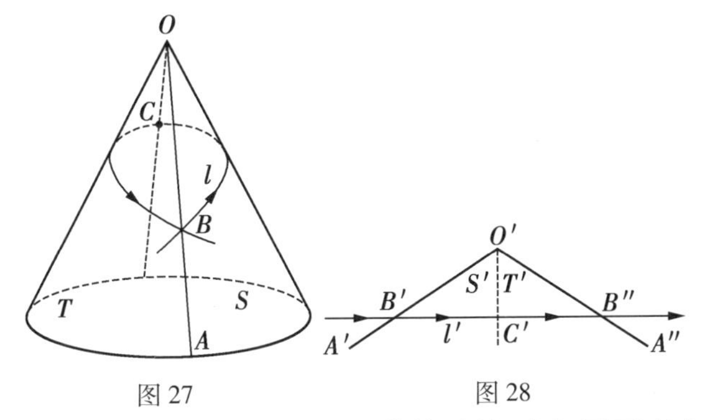

图 27　　　　图 28

设 C' 是从 O' 到 l' 上的垂线的垂足,在把平面裹在圆锥上的时候,射线 $O'C'$ 就变成圆锥的一条母线 OC. 点 C 有时叫作锥式曲面上的短程线的顶点. 我们用 OA 来记圆锥的对母线,OA 和 OC 把圆锥的面分成两个相等的部分 S 和 T. 把圆锥面沿母线 OA 剪开,并且把它展开在平面上,使得圆锥的顶点 O 重新变成点 O',母线

① 二重点有时又叫作耦点.

OC 重新变成射线 $O'C'$,这时短程线 l 重新变成直线 l'. 整个锥式曲面变成了 $\angle A'O'A''$,它的两半部分 S 和 T 变成了这个角的两半 S' 和 T';直线 $O'C'$ 是这个角的平分线.

我们现在分成两种情况来讨论.

(1) $\angle A'O'A''$(圆锥的展开角)大于或等于 $180°$(图 29). 直线 l'完全在这个角的里面. 假若重新把这个角裹在锥式曲面上使得角的两边 $O'A'$ 和 $O'A''$和母线 OA 重合,则直线 l'重新变成了圆锥面上的短程线 l;直线 l'上不同的点变成了圆锥上不同的点. 因此,在这种情形下,l 没有二重点.

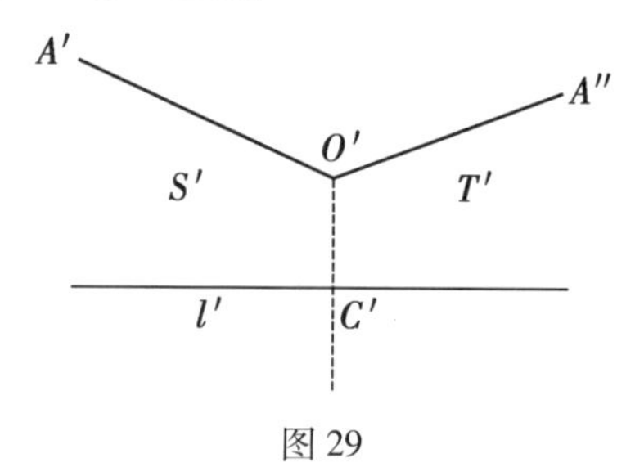

图 29

(2) $\angle A'O'A''$小于 $180°$. 和角的平分线 $O'C'$垂直的直线 l'交角的两边于两点,分别记作 B' 和 B''(图 28).

$\triangle B'O'B''$是一个等腰三角形,因为它的高 $O'C'$ 就是它的角平分线. 我们把 $\angle A'O'A''$重新裹在圆锥面上,使得 O'变成圆锥的顶点,而角的两边 $O'A'$ 和 $O'A''$变成母线 OA. 点 B' 和 B'',由于线段 $O'B'$ 和 $O'B''$相等,所以落在这条母线上的同一点 B 上(图 27). 直线 l'变成了

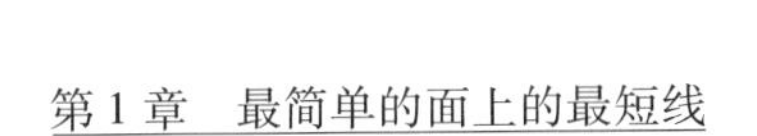

短程线 l,直线 l'包含在$\angle B'O'B''$里的 S'这一半里面的一段 $B'C'$变成了线 l 在锥式曲面上 S 这一半联结 B,C 两点的一段弧 $\overset{\smile}{BC}$;同理,包含在$\angle B'O'B''$里的 T'这一半里面的一段 $B''C'$变成了线 l 在锥式曲面上 T 这一半联结 B,C 两点的一段弧 $\overset{\frown}{BC}$. 点 B 是曲线 l 的一个二重点. 直线 l'的一段 $B'B''$变成了弧 BCB,形状就像绳子结成的圈.

我们现在来说明:一条短程线到底有多少个二重点?下面的定理回答了这个问题,这个定理是上面一个定理的改进.

定理 1.3　假定圆锥的展开角等于 α(α 用度数表示).

1. 若 $180°$不能被 α 所整除,则短程线的二重点的数目等于分数$\frac{180°}{\alpha}$的整数部分.

2. 若 $180°$能被 α 所整除,则二重点的数目等于 $\frac{180°}{\alpha}-1$.

若 $\alpha>180°$,则分数$\frac{180°}{\alpha}$的整数部分等于 0;若 $\alpha=180°$,则$\frac{180°}{\alpha}-1=0$. 因此,根据我们的定理,在这两种情形,二重点的数目应该是 0;这和上面一个定理前一部分的意思一样.

还需要讨论的是 $\alpha<180°$的情形. 我们仍旧用上面一个定理的记号. $\angle A'O'A''$(图 30)是圆锥的展开

角. 过点 O'引直线 l'的垂线 $O'C'$和平行线 KL,KL 分平面成两个半平面. 我们只看直线 l'所在的这一半平面. 过点 O'在这半平面上引一系列射线,它们和射线$O'C'$的交角是$\frac{\alpha}{2}$的倍数. 这就是射线 $O'B'$,$O'B''$,$O'B_1'$,$O'B_1''$,…它们和直线 l'分别交于点 B',B'',B_1',B_1'',…注意 $O'B'=O'B''$,$O'B_1'=O'B_1''$,…现在把我们的半平面裹在圆锥上,使得点 O'落在圆锥的顶点 O 上,射线 $O'C'$落在母线 OC 上(图 31). 我们的半平面上夹在相邻的射线 $O'B_1'$,$O'B'$,$O'C'$,$O'B''$,$O'B_1''$,…之间的各个角(均等于$\frac{\alpha}{2}$),这时把锥式曲面的两半 S 和 T 裹上了几层. 就是说,角 S'落在圆锥上 S 这一半,和它相邻的角 T_1'和 T'落在圆锥的另一半 T 上,等等. 因为射线 $O'C'$落在母线 OC 上,所以射线 $O'B'$,$O'B''$落在对母线 OA 上,射线 $O'B_1'$,$O'B_1''$重新落在 OC 上,等等.

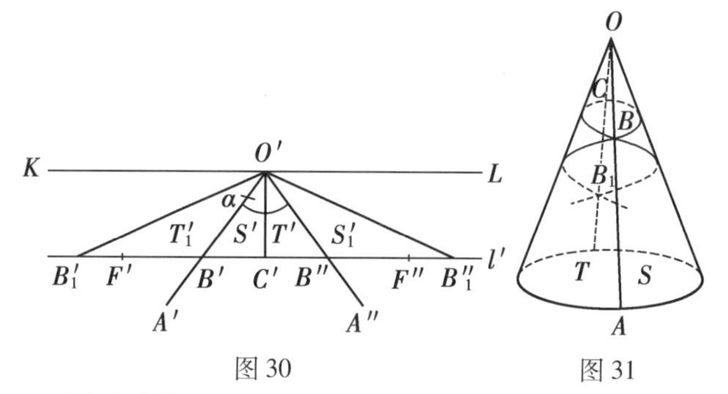

图 30　　图 31

因为直线段 $O'B'=O'B''$,$O'B_1'=O'B_1''$,所以每一对点 B'和 B'',B_1'和 B_1'',……同落在一条母线上,而且两两重合:点 B'和 B''重合而且都落在母线 OA 的点 B

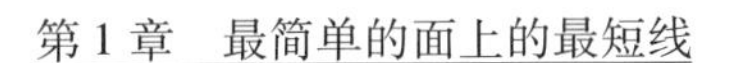

上，B_1'和B_1''都落在母线OC的点B_1上，等等. 因此，点B，B_1，…都是直线l'在把半平面裹在圆锥上的时候所变成的线l的二重点，这种点的数目等于直角$KO'C'$里面的射线$O'B'$，$O'B_1'$，…的数目. 因为这些射线和$O'C'$做成小于$90°$而是$\frac{\alpha}{2}$的倍数的角，所以它们的个数就等于那种小于$90°$而是$\frac{\alpha}{2}$的倍数（就是小于$180°$而是α的倍数）的数目的个数. 换句话说，假若$180°$不能被α所整除，那么这种射线的数目等于分数$\frac{180°}{\alpha}$的整数部分. 但若$180°$能被α所整除，则它们的数目等于$\frac{180°}{\alpha}-1$.

要把这个定理完全证明，我们还应该指出，短程线上所有的二重点正是从直线l'上的点B_1'和B_1''重合而得出的那种点.

事实上，假若在把半平面裹在圆锥上的时候，直线l'上的两个点变成了圆锥上的同一个点，那么我们就得到了短程线l上的一个二重点. 这就必须让这两点都距O'同样远，而且同在l'上. 也就是说，这两点必须在l'上关于C'对称. 现设有两点，一点我们叫它F'（参看图30），是在C'的左边，而另一点F'是在C'的右边. 假若点F'不是点B'，B''，B_1'，B_1''，…当中的任何一点，它必然要在$\angle C'O'B'$，$\angle C'O'B''$，$\angle B'O'B_1'$，$\angle B''O'B_1''$，…当中某一个角的里面，在图30里，这些

角我们用字母 S_i' 和 T_i' 分别标出. 假若点 F' 是在角 S_i' 里面,那么和它对称的点 F'' 就在角 T_i' 里面,就是说,把半平面裹在圆锥上的时候,若点 F' 变成半圆锥 S 上的一点,则点 F'' 就变成半圆锥 T 上的一点;反过来,若点 F' 变成半圆锥 T 上的一点,则点 F'' 就变成半圆锥 S 上的一点. 无论哪一种情形,F' 和 F'' 总变成圆锥上两个不同的点. 因此,除重合的一对对的点 B' 和 B'',B_1' 和 B_1'',……所得到的二重点之外,短程线 l 上没有新的二重点. 这样我们就把这个定理证完了.

现在来讨论两条平行直线 KL 和 l' 之间的带形区域. 我们建议读者自己去研究一下,对于圆锥展开角 α 的各种不同数值(对于 $\alpha > 180°$,$\alpha = 180°$,$180° > \alpha > 90°$,$\alpha = 90°$,$90° > \alpha > 60°$ 等),这个带形区域在圆锥面上到底是处在什么样的情况.

重复上节末尾所作的论证,我们可以断定,绷紧了的弹性细线在圆锥面上是取短程线的位置.

注 在圆锥面上也可以研究螺旋线,也就是和圆锥的所有母线交成等角 α 的线(图 32). 当 $\alpha = 0°$ 和 $\alpha = 90°$ 的时候,圆锥上的螺旋线分别变成母线和圆截线. 当 $\alpha \neq 0°$ 的时候,螺旋线不是圆锥上的短程线. 在这一点上,它和圆柱面上的螺旋线不同.

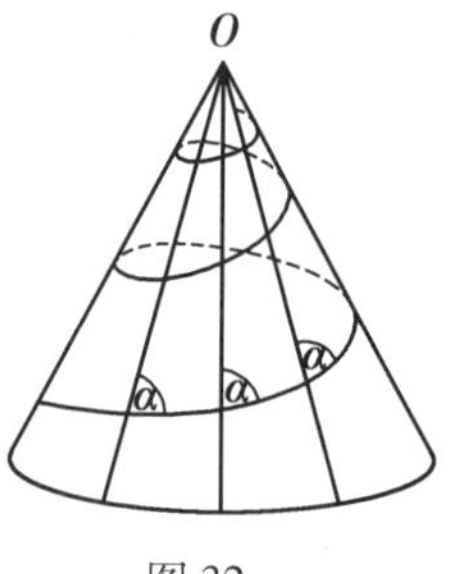

图 32

4. 关于圆锥上的短程线的克莱拉定理　设 C 是圆锥面上短程线 s 的顶点，它和圆锥的顶点的距离是直线段 $OC=c$，和圆锥的轴相距 r_0（图 33）. 这样，短程线在点 C 和母线 OC 垂直. 又设 A 是短程线上的任意一点，r 是点 A 和圆锥的轴的距离，α 是短程线 s 和母线 OA 的交角，l 是直线段 OA 的长. 我们有关系式

$$l\sin\alpha=c \tag{1.1}$$

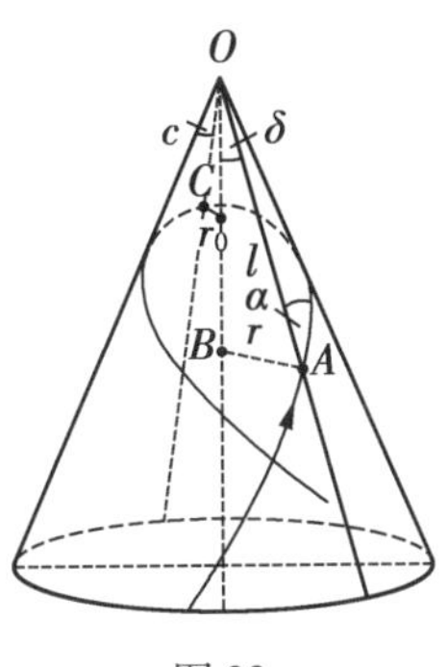

图 33

要证明公式（1.1），可以把圆锥面展开在平面上（图 34）. 这时候 OC 和 OA 变成 $O'C'$ 和 $O'A'$（长度 c 和 l 这时保持不变），短程线 s 的弧 $\overset{\frown}{AC}$ 变成直线上的线段 $A'C'$，同时 $O'C'$ 和直线 $A'C'$ 垂直；$\triangle A'O'C'$ 里顶点 A' 的角等于 α. 从 $\triangle A'O'C'$，我们得到

$$l\sin\alpha=c$$

这就是我们所要证明的.

注意，假若 δ 是圆锥的母线和它的轴之间的交角（参看图 33），那么 $r=l\sin\delta$. 用 $\sin\delta$ 乘等式（1.1）的两边，得到

$$l\sin\delta\cdot\sin\alpha=c\sin\delta$$

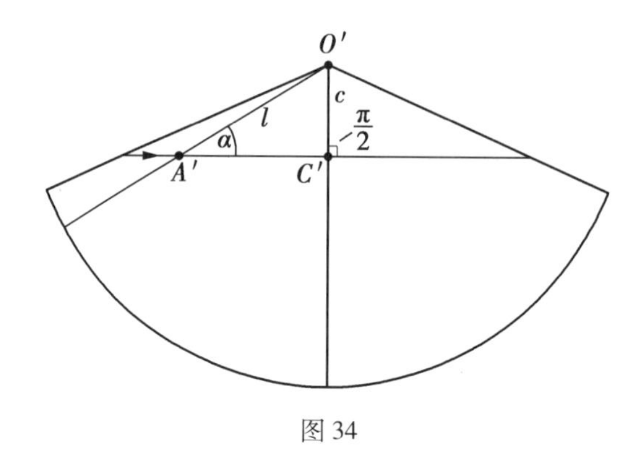

图 34

或

$$r\sin\alpha = c_1 \tag{1.2}$$

这里的 $c_1 = c\sin\delta$ 是短程线的一个定值.

上面的等式证明了下面的定理.

定理 1.4　对于锥式曲面上的短程线 s 上的所有的点,量 $r\sin\alpha$ 是一个定值

$$r\sin\alpha = 常数 \tag{1.3}$$

这里 r 是点 A 到圆锥的轴的距离,α 是母线 OA 和短程线 s 的交角.

这个定理是克莱拉定理的一个特殊情形(参看第 10 节).

圆柱可以看作圆锥的极限情形(圆锥的顶跑到无穷远处),圆锥上的短程线就相当于圆柱上的螺旋线.显然,公式(1.3)对圆柱仍然保持有效:圆柱上所有的点到轴的距离 r 都是一样的,螺旋线和圆柱母线之间的交角 α 对于螺旋线上所有的点也完全相同.

§4　球面上的最短线

1. 线的长度　在研究圆柱面和圆锥面上的最短线的时候,我们利用了这样的一个事实,就是圆柱面和圆锥面可以展开在平面上. 但在研究球面上的最短线的时候,这个方法并不适用,球面不能展开在平面上.

我们现在来回忆一下,在初等几何学里我们是怎样证明,在所有联结两定点的线当中,直线段有最小的长度. 这个性质是从三角形两边的和大于第三边这一定理推出来的. 换句话说,根据这一定理,我们可以证明:直线段 AB 比所有有同样端点 $A_0=A$ 和 $A_n=B$ 的折线 $A_0A_1A_2\cdots A_{n-1}A_n$ 都要短些(图35). 事实上,假若用直线段 A_0A_2 去代替折线上相邻的两段 A_0A_1 和 A_1A_2,我们只

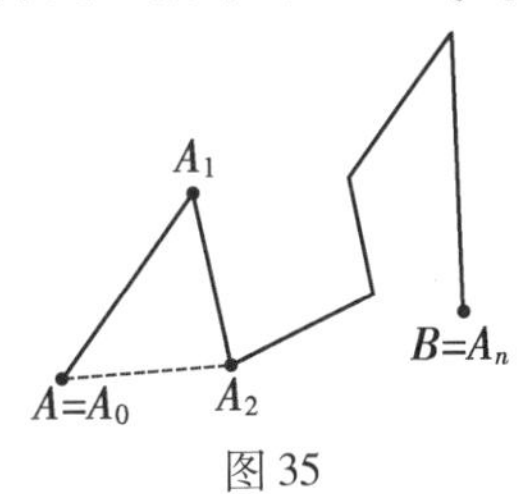

图35

会缩短折线(因为$\triangle A_0A_1A_2$ 里 A_0A_2 边小于 A_0A_1 和 A_1A_2 两边的和)①. 这时候,我们已经用折线 $A_0A_2\cdots A_{n-1}A_n$ 去

① 假如 A_0,A_1,A_2 在同一直线上,那么线段 A_0A_1 和 A_1A_2 长的和就等于 A_0A_2 这一段的长. 因而在用 A_0A_2 这一段去代替两段 A_0A_1 和 A_1A_2 的时候,我们没有增大折线的长度. 这一点和以后的讨论也有关系.

代替折线 $A_0A_1A_2\cdots A_{n-1}A_n$，这样就减少了一边. 同理，在这条折线里，相邻的两段 A_0A_2 和 A_2A_3 又可以用一边 A_0A_3 去代替，这不会增大折线的长度. 我们得到了折线 $A_0A_3\cdots A_{n-1}A_n$，它的边数又减少了一边. 这样，我们就可以顺次把折线的边数减少，一直到把它减少到只有一边——直线段 $A_0A_n=AB$. 在用一条折线来代替另一条折线的每一过程当中，折线的长只会减小（有时候这个长度保持不变；但它不能在每一个过程都保持不变，因为这只有在所有的点 $A_0,A_1,\cdots,A_n$ 都在同一直线 AB 上的时候才可能发生，而这种情形我们是已经排除了的）. 由此可以推知，最初的那条折线比直线段 AB 要长. 在初等几何学里只证明了直线段 AB 比所有联结同样端点 A 和 B 的折线都要短.

要想对联结 A,B 两点的任意线导出类似的结论，我们必须先对曲线的长度下一个精确的定义. 在初等几何学里，圆的周长的定义是内接多边形当边数趋于无限而最大边长趋于 0 的时候的周长的极限.

同理，我们也可以对任意曲线的长下定义. 假设已经给定了一条联结 A,B 两点的线 q（图 36）. 我们沿这条线顺着从 A 到 B 的方向移动，并顺次标出 $n+1$ 个点：$A_0=A,A_1,A_2,\cdots,A_n=B$. 我们依次用直线段把这些点联结起来. 于是就得到了一条折线 $A_0A_1A_2\cdots A_n$，叫作内接于曲线的折线. 我们现在来做边数无限增多的内接于曲线 q 的折线. 同时，我们要这样做出这条折线，使得当它的边数无限增大的时候，它的最大边的长趋于 0. 可以证明，在这些条件之下，内接折线的长会趋于一个极限，就取它来作为曲线的长.

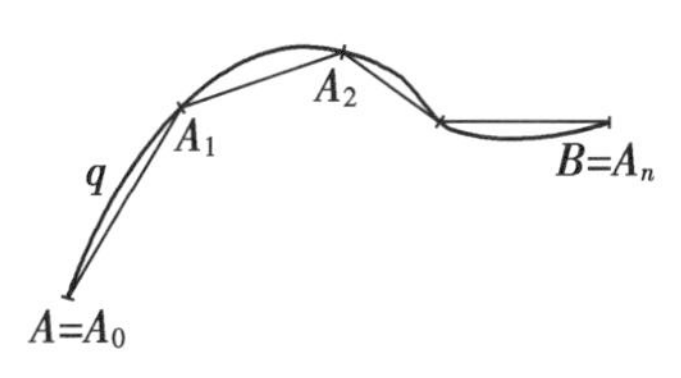

图 36

因为直线段 AB 比任何联结 A,B 两点的折线的长都要短，而联结这两点的曲线的长是联结这两点的折线的长的极限，所以可以推知，直线段是所有联结 A,B 的曲线当中最短的一条线.

2. 球面上的最短线　我们现在来寻求球面上的最短线. 我们注意到，若球面上的两点 A,B 不是在同一直径的两端，那过这两点只能做唯一的一个大圆. 过同一直径的两个端点却可以引无数多个大圆. 后面这一情形我们暂时不来讨论：说到球面上的两点，我们都假定这两点不在同一直径上.

过球面上给定的两点 A 和 B 我们引一个大圆. A，B 两点（因为它们不是同一条直径的端点）把大圆分成两个不相等的弧. 我们用 $\overset{\frown}{AB}$ 记比较小的一个弧.

假设我们在球面上给定了三点：A,B,C，两两用大圆的弧 $\overset{\frown}{AB}$，$\overset{\frown}{BC}$，$\overset{\frown}{CA}$ 联结起来. 这三个弧做成了一个所谓球面$\triangle ABC$；弧 $\overset{\frown}{AB}$，$\overset{\frown}{BC}$，$\overset{\frown}{CA}$ 叫作它的边.

对于球面三角形也有一个和普通（平面）三角形里关于边长的基本定理类似的定理.

定理 1.5　球面三角形的任一边小于其他两边的和.

我们现在来研究用点 O 做心的球面上的球面$\triangle ABC$（图 37）. 这个三角形的 $\overset{\frown}{AB}$ 边是一个大圆的弧，

也就是用 O 做心的圆弧;在这个圆所在的平面上,弧 AB 对圆心角 AOB. 同理,在 $\overset{\frown}{BC}$ 边和 $\overset{\frown}{CA}$ 边所在的平面上,这两个弧分别对圆心角 BOC 和 COA. 作为有同样半径的大圆的弧,边 $\overset{\frown}{AB}$, $\overset{\frown}{BC}$, $\overset{\frown}{CA}$ 的长是和圆心角 AOB, BOC, COA 成正比的.

我们将大圆所在的三个平面做成一个三面角,它的顶点是 O,平面角是 AOB, BOC, COA. 我们的球面三角形的边长和我们的三面角里相应的平面角成正比. 但因在三面角里,每一平面角小于其他两平面角的和,所以对于和它们成正比的球面三角形的三边也有类似的不等式. 这就证明了我们的定理.

假设在球面上给定了一系列的点 A_0, A_1, A_2, A_3, $\cdots$, A_n,顺次用大圆的弧 A_0A_1, A_1A_2, A_2A_3, $\cdots$, $A_{n-1}A_n$联结起来. 这些弧合起来叫作联结 A_0, A_n 两点的球面折线(图 38).

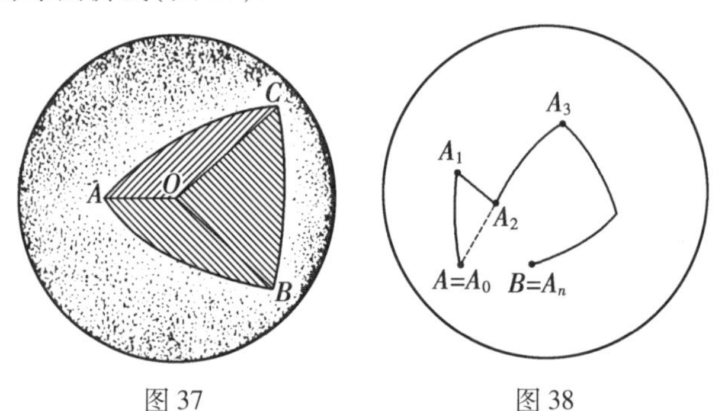

图 37　　图 38

对于平面来说,从三角形任一边小于其他两边的和,就可以证明直线段 AB 短于联结 A, B 两点的折线. 对于球面来说,同样也可以从球面三角形任一边小于其他两边的和,推出大圆的弧 $\overset{\frown}{AB}$ 小于所有联结同样

两点的折线. 再有,对于球面也正和对于平面一样,联结 A,B 两点的曲线的长可以从联结这两点的球面折线的长的极限得出. 因为大圆的弧 $\overset{\frown}{AB}$ 短于所有联结 A,B 两点的球面折线,所以它也短于所有联结这两点的曲线.

弧 $\overset{\frown}{AB}$ 短于任何联结 A,B 两点的折线这一定理的证明基本上是重复了平面上关于折线的类似定理的证明. 现设已经给定了弧 $\overset{\frown}{AB}$ 和折线 $A_0A_1A_2A_3\cdots A_n$,这里 $A_0=A,A_n=B$.

在球面三角形 $A_0A_1A_2$ 里,$\overset{\frown}{A_0A_2}$边小于$\overset{\frown}{A_0A_1}$和$\overset{\frown}{A_1A_2}$两边的和[①]. 我们用弧$\overset{\frown}{A_0A_2}$去代替两边$\overset{\frown}{A_0A_1}$和$\overset{\frown}{A_1A_2}$. 于是就得到一条新线 $A_0A_2A_3\cdots A_n$,它可能比原来的折线短,而且少一条边. 我们再用一边$\overset{\frown}{A_0A_3}$去代替两边$\overset{\frown}{A_0A_2}$和$\overset{\frown}{A_2A_3}$;经过这步,折线的长只会减小或保持不变. 我们再继续做类似的变换(将折线相邻的两边用一边去代替). 边的数目每一次减少,折线的长只会减小或保持不变. 这样我们得到了边数一条比一条少的联结 A,

①假若点 A_1,A_0 和 A_2 在同一大圆上,那么,假若$\overset{\frown}{A_0A_1}$和$\overset{\frown}{A_1A_2}$两边的和小于半圆周的话,$\overset{\frown}{A_0A_2}$边就等于这两边的和,假若这两边的和大于半圆周的话,$\overset{\frown}{A_0A_2}$边就小于这两边的和. 因此在用一边$\overset{\frown}{A_0A_2}$代替两边$\overset{\frown}{A_0A_2}$和$\overset{\frown}{A_1A_2}$的时候,折线的长总只会减小或保持不变. 这一点和以后的讨论有关.

B 的折线，最后终于得到了只有一条边的折线，也就是弧 $\overset{\frown}{AB}$ 自己. 在这一过程当中，折线的长总是减小或保持不变. 但折线的长不可能每步都保持不变，因为这就是说点 $A_0, A_1, \cdots, A_n$ 都在同一个大圆的弧 $\overset{\frown}{AB}$ 上，而这种情形我们是已经排除了的. 因此，原有折线 $A_0A_1\cdots A_n$ 的长大于 $\overset{\frown}{AB}$ 的长.

我们现在来讨论 A, B 两点是在球的同一直径的两端的情形. 在这种情形，有无数多个大圆的弧联结 A, B，并且用 AB 作它的直径. 它们全都是一样长的. 另外，所有联结 A, B 两点的其他曲线 q 都有比大圆的半周更大的长度. 事实上，设点 C(A, B 以外的)在 q 上，把这条线分成两条线(AC)和(CB). 作大圆的半周 $\overset{\frown}{ACB}$，它由两段弧 $\overset{\frown}{AC}$ 和 $\overset{\frown}{CB}$ 组成. 这两段弧当中任一段都短于球面上联结同样两点的任何其他曲线. 因为我们的曲线 q 不是半圆，所以它的两部分(AC)和(CB)当中至少有一部分不和相应的弧 $\overset{\frown}{AC}$ 或 $\overset{\frown}{CB}$ 重合. 于是，(AC)的长大于 $\overset{\frown}{AC}$ 的长. 还有，(CB)的长或大于 $\overset{\frown}{CB}$ 的长(假若它们两者并不重合的话)或等于 $\overset{\frown}{CB}$ 的长(假若它们两者重合的话). 由此可以推出，q 的总长大于 $\overset{\frown}{ACB}$ 的长.

对于在直径两端的两点 A 和 B，有无数条联结这两点的最短线；这就是所有联结 A, B 两点的大圆的半

周.

3. **注**　假若不改变球面的形状,就是说,假若不改变球面上的线的长度,球面是不可能展开在平面上的.但是球面上沿着某一条线 q 的极其狭窄的带形,只要允许这条狭窄带形上的线的长度可以有一点轻微的改变的话,却可以展开在平面上.而在球面上所取的带形越窄,这种长度的改变就越小,就可以越精确地把这条带形展开在平面上.用极限论的话来说,那就是带形上的线的长度的改变和带形的宽度比较起来是一个高阶无穷小的量.

如果把球面上的一狭窄带形展开在平面上,那么这条带形里的一段大圆的弧就变成一条直线段(逆命题也是对的).

事实上,球面带形上的大圆的弧 $\overset{\frown}{AB}$ 是带形上面联结 A,B 两点的弧当中最短的一条.假若在把带形展开在平面上的时候,A,B 两点分别变成了 A' 和 B',那么弧 $\overset{\frown}{AB}$ 变成了平面上联结 A' 和 B' 的弧,而且比邻近的其他联结这两点的平面上的弧都短;因而 $\overset{\frown}{AB}$ 变成了直线段 $A'B'$.

推论　我们在球面上沿着大圆两侧剪下一条狭窄的带,然后把它剪断再展开在平面上.这条带形就变成平面上的矩形长条;大圆变成长条的中线.反过来,假若把一平面上的矩形的狭窄长条(带子)卷在球面上,那么这个长条在球面上必沿着大圆缠绕(图 39).

我们现在来研究包含小圆(就是球面上大圆以外的圆)q 的一段弧的狭窄带形变成些什么.

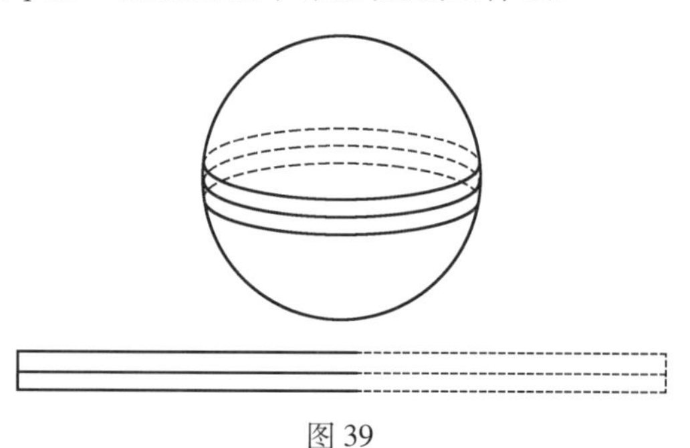

图 39

我们先指出下面的事实. 我们用一个和圆锥的轴垂直的平面去截圆锥的面,这个平面交圆锥的面于圆 q. 各母线从圆锥的顶点 O 到圆 q 的一段都相等(例如在图 40 里,$OA=OB=OC$). 假若沿母线 OC 剪开圆锥的面并把这个面展开在平面上,那么圆 q 变成半径等于 OC 的一个圆 q' 的一段弧. 圆锥的面上用圆 q 作中线的狭窄带形展开在平面上成一带形,用弧 q' 作它的中线(图 41).

我们现在回到球面上来(图 42). 过小圆 r_1 的中心 O_1 和球心 O 引直径 AB;用 AB 作直径作大圆 p,交小圆 p_1 于点 C. 设 r 是 p_1 的半径,R 是球的半径,α 是 $\angle O_1CO$. 我们有

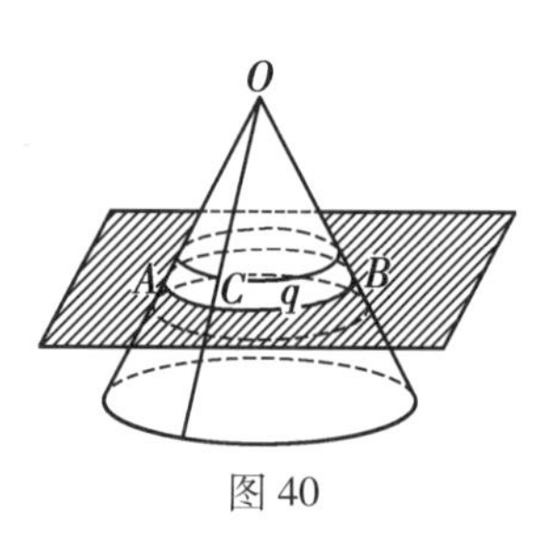

图 40

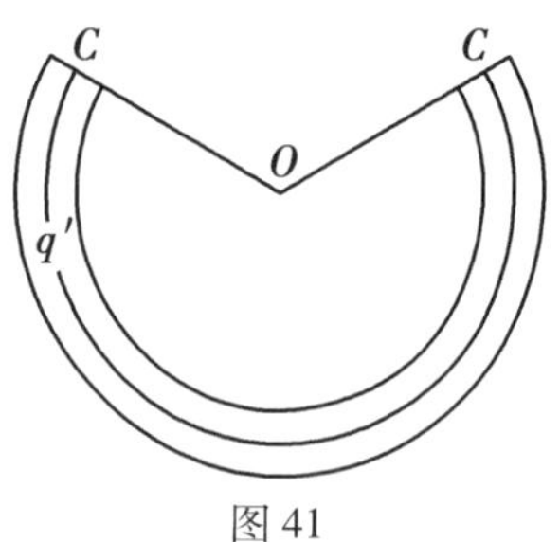

图 41

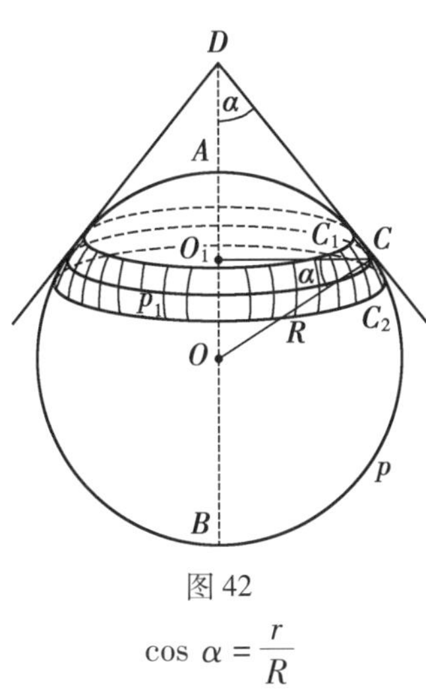

图 42

$$\cos\ \alpha = \frac{r}{R}$$

过点 C 引 p 的切线 CD，和直径 AB 的延长线交于点 D. 我们有：$\angle CDO = \angle O_1CO = \alpha$（因两角的相应边互相垂直）. 在 $\triangle OCD$ 中，我们有

$$CD = R\cot\ \alpha = R\frac{\cos\ \alpha}{\sqrt{1-\cos^2\alpha}}$$

$$= R\left[\frac{r}{R} \div \sqrt{1-(\frac{r}{R})^2}\right]$$

$$= \frac{Rr}{\sqrt{R^2-r^2}}$$

现在把图形绕轴 AB 转一周. 这时直线 CD 就转成一圆锥面；圆 p 就描成一个半径为 R 的球. 这个圆锥面和球面沿着圆 r_1 相切.

圆 p 上包含点 C 的一段微小的弧 C_1C_2 可以看成

和切线上的一段微小线段一样[1]. 当这段弧绕 AB 转的时候,它就描出一个包含小圆 p_1 的球面带形. 这条带形可以看成和圆锥上的带形一样[2],这个圆锥就是刚才所说的沿着圆 p_1 和我们的球面相切的一个(圆锥面上的这条带形就是由切线上我们认为和弧 C_1C_2 一样的那一段转成的). 若把这条带形沿 C_1C_2 剪开展开在平面上,那么圆 p_1 就变成了一段圆弧,它的半径等于 CD,就是半径等于

$$l=\frac{Rr}{\sqrt{R^2-r^2}}$$

所以球面上用圆 p_1 作中线的狭窄带形,也就展开成一个平面上的带形,它围绕着用 l 作半径的一段圆弧.

反过来,我们现在要把一个用半径 l 的圆弧作中线的狭窄的平面上的带形卷在球面上,它一定沿一个小圆裹在球面上,这小圆的半径是由下式

$$l=\frac{Rr}{\sqrt{R^2-r^2}}$$

确定的. 不难证明

$$r=\frac{Rl}{\sqrt{R^2+r^2}}$$

---

① 这里所谓一样是说,把和 C_1C_2 的长比较起来是高阶无穷小的量略去不计之后是一样的.

② 这里所谓一样,也是指在和上一个注里同样的意义下说的.

平面曲线和空间曲线的几个性质以及有关的一些问题

第2章

§5 平面曲线的切线和法线以及有关的一些问题

1. **曲线的切线** 设在平面上或空间里有某一曲线 q 和 q 上的一点 A(图43).

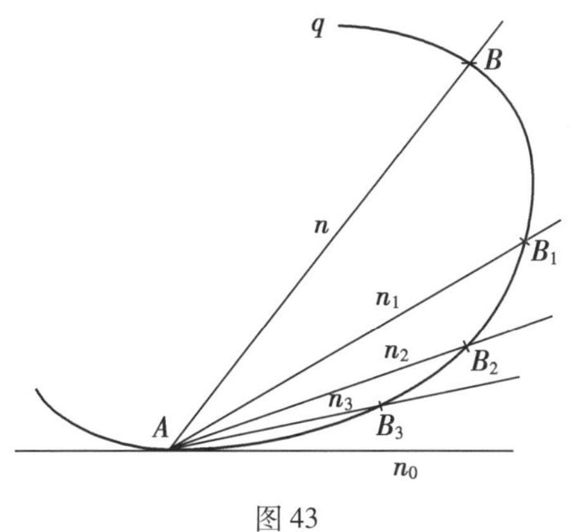

图43

我们现在来看这条曲线上的另一点 B. 用直线 n 联结 A,B 两点,这条直线叫作割线. 把点 B 沿曲线 q 移近点 A,这时割线 n 就绕着点 A 转. 这就是说,当点 B 移动到点 $B_1, B_2, B_3, \cdots$ 的位置的时候,割线 n 也就跟着移到直线 $AB_1, AB_2, AB_3, \cdots$ 的位置. 当点 B 趋于点 A,割线 n 就趋于一个极限位置——趋于某一直线 n_0. 割线的这一极限位置——直线 n_0——叫作曲线 q 在点 A 的切线.

我们可以想象一个质点沿着曲线 q 运动,它在点 A 离开曲线. 在离开之后,根据惯性,它就开始沿着我们的曲线在点 A 的切线 n_0 运动.

2. **法线**　我们现在假定曲线 q 是在某一平面上的(这样的曲线叫作平面曲线). 过点 A 和曲线 q 在这一点的切线 n_0 垂直的直线 MN 叫作曲线 q 在点 A 的法线(图 44).

3. **二曲线间的最短距离**　我们现在来研究只能沿曲线 q 移动的一点 A. 设 P 是作用在点 A 的合力(图 45),我们把力 P 分成两个分力——切线分力 P_1(朝着曲线 q 在点 A 的切线的方向上的)和法线分力 P_2(朝着曲线 q 在点 A 的法线的方向上的). 切线分力沿曲线 q 推动点 A. 因此,若缺少切线分力,就是 P 和 P_2 相合,也就是说,若 P 朝着曲线 q 在点 A 的法线方向,那么点 A 就保持平衡.

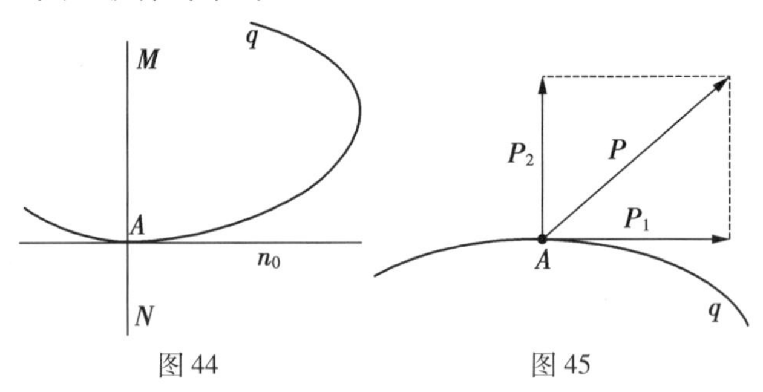

图 44　　图 45

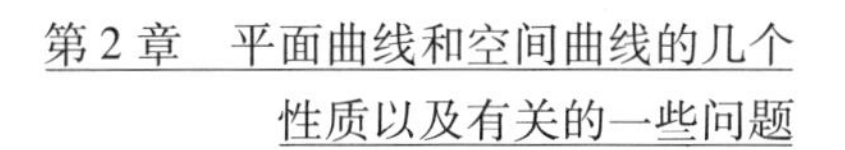

再来研究两条曲线 q 和 q_1. 我们要求出一端 A 在 q 上，另一端 B 在 q_1 上的许多线当中最短的一条（图46）. 我们假定曲线 q 和 q_1 固定不动而且是刚性的，现在来研究一条弹性细线 r，它的一端 A 沿着曲线 q 移动，另一端 B 沿着 q_1 移动（可以这样设想，比方说，在点 A 有一个套在曲线 q 上的小环，在点 B 有另外一个套在 q_1 上的小环，细线的两端分别系在这两个环上）. 细线 r 会尽力紧缩来取得一个使它的长度最小的位置. 设 A_0B_0 就是细线的这种位置，细线在这种位置就会保持平衡. 显然，A_0B_0 是联结 q 上的点 A_0 和 q_1 上的点 B_0 的一条直线段（如果这条线不是直线段，那么保持两端点位置不变，这条线还可以缩短）. 因为在 A_0B_0 位置的细线是平衡的，所以它的端点 A_0 也一定在平衡状态，在点 A 有一个沿着线段 A_0B_0 方向的张力作用着. 由上面所推出的曲线上的点保持平衡的条件，可知直线段 A_0B_0 是曲线 q 在点 A_0 的法线. 同理可以证明，这条线段也是曲线 q_1 在点 B_0 的法线.

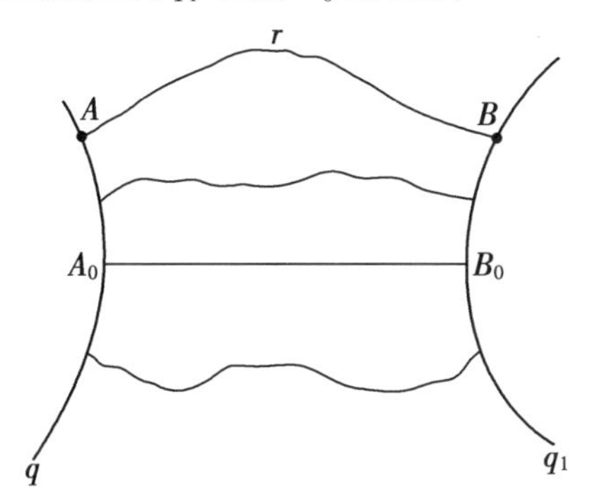

图46

因此，联结两条曲线上的点的许多线当中，最短的是这两条曲线的公法线.

同样,联结一点 A 和曲线 q 的线当中,最短的是曲线 q 过点 A 的法线.

4. **关于反射的问题** 设 q 是一固定曲线. 我们现在要讨论联结给定的两点 A 和 B 并且和曲线 q 有公共交点 C 的各种可能曲线 ACB,或者是所谓联结 A,B 两点的经曲线 q 反射的曲线.

我们来研究两端 A,B 固定而上面有一点 C 沿曲线 q 移动的细线$\overset{\frown}{ACB}$(图 47).

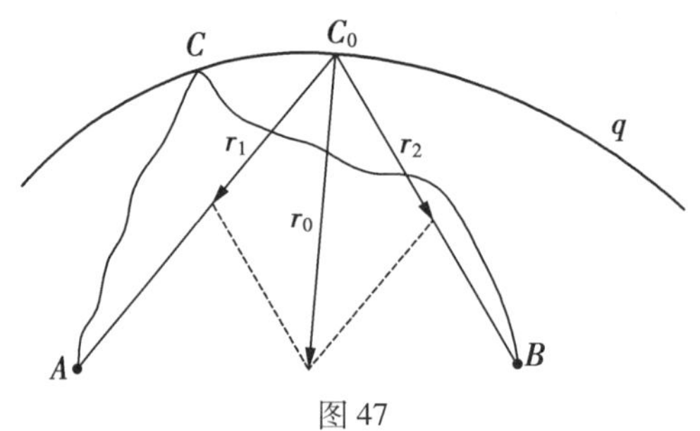

图 47

设 AC_0B 是联结 A,B 两点的经曲线 q 反射的许多线当中最短的一条(C_0 是曲线 q 上的点). 在 AC_0B 位置的细线是处在平衡状态的.

显然,最短线的两个部分 AC_0 和 C_0B 都是直线段. 细线上的点 C_0 在曲线上也处在平衡状态;在这一点上有两个张力作用着,就量上来说它们等于①:朝着线段 C_0A 的方向的力 T_1 和朝着线段 C_0B 的方向的力 T_2,它们的合力 T_0 朝着 $\angle AC_0B$ 的平分线的方向. 由平衡条件,可知 T_0 是朝着曲线 q 在点 C_0 的法线方向的. 这就是说,$\angle AC_0B$ 的平分线是曲线 q 在点 C_0 的法线.

---

① 在细线上任何一点的张力都是一样.

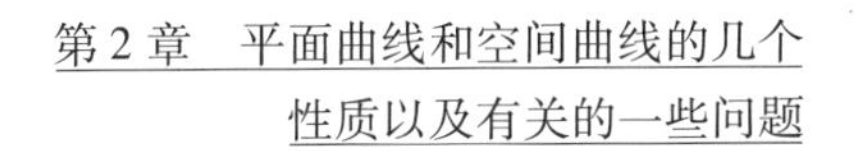

联结 A,B 两点的经曲线 q 反射的曲线当中最短的是折线 AC_0B，它用曲线 q 上这样的一点 C_0 做顶点，曲线在这一点的法线恰好就是 $\angle AC_0B$ 的平分线.

5. 域里的最短距离　我们现在要研究平面上由某一条线所包围的区域或者所谓域. 域可以是有限的（图 48 里的域 Ⅰ），也可以是无限的（例如同一图里从平面上除去域 Ⅰ 以后所得的域 Ⅱ）.

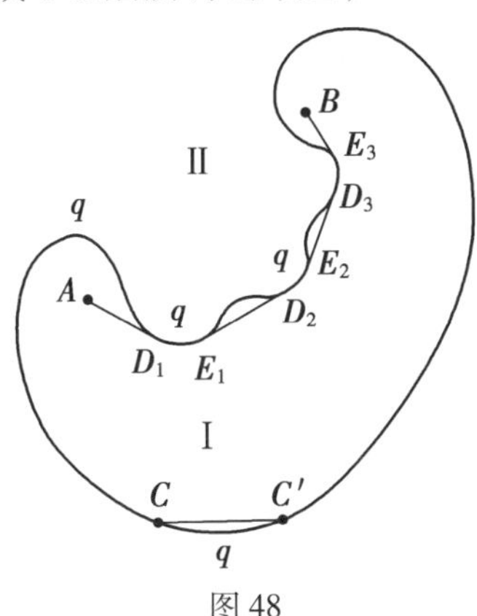

图 48

我们要求出在域 Ⅰ 里联结这域里的两点 A,B 的线当中最短的一条. 这条线 $\overset{\frown}{AB}$ 是 Ⅰ 里系在 A,B 两点的弹性细线的平衡位置，这里域的边界被认为是用围墙围了起来的. 细线可以包含域 Ⅰ 的边界 q 的某些部分.

设 $s_0 = AD_1E_1D_2E_2\cdots D_nE_nB$ 是线 s 当中最短的一条. 它是由边界的几个部分 $\overset{\frown}{E_1D_1}, \overset{\frown}{E_2D_2}, \cdots, \overset{\frown}{E_nD_n}$（在图 48 里 $n=3$）以及整个（除了端点）在 Ⅰ 里面的线 AD_1，$E_1D_2, \cdots, E_nB$ 所组成. 显然，$AD_1, E_1D_2, \cdots, E_nB$ 的每一条都是直线段.

边界上属于 s_0 的部分 $D_1E_1, D_2E_2, \cdots, D_nE_n$ 都是

凸向Ⅰ的这一侧. 事实上,对于边界 q 上凸向Ⅱ这一侧的每一充分小的部分$\overset{\frown}{CC'}$,弦 CC' 都在Ⅰ里面;这弦比弧$\overset{\frown}{CC'}$短;因此,假若线 s_0 包含边界上的这种弧$\overset{\frown}{CC'}$,我们用Ⅰ里面的弦去代替弧$\overset{\frown}{CC'}$,就可以把 s_0 缩短.

这样,最短线只能包含边界上凸向Ⅰ这一侧的部分.

属于 s_0 的组成部分的线段 $AD_1, E_1D_2, \cdots, E_{n-1}D_n$, E_nB 分别切曲线 q 于点 $D_1, E_1, D_2, E_2, \cdots, D_n, E_n$(图 48).

事实上,例如在点 D_1,细线的两个部分相遇:一个是线段 AD_1,一个是曲线 q 的一部分$\overset{\frown}{D_1E_1}$. AD_1 这一部分的张力 T_1 朝着线段 D_1A 的方向(图 49),$\overset{\frown}{D_1E_1}$这一部分的张力 T_2 朝着 q 在点 D_1 的切线方向. 假若 T_1 和 T_2 的方向之间的交角不等于 180°,那么力 T_1 和 T_2 的合力 T_0 就会推动点 D_1(图 49),就是说,细线就不能处在平衡状态. 所以这个角一定等于 180°,就是说,线段 AD_1 切曲线 q 于点 D_1.

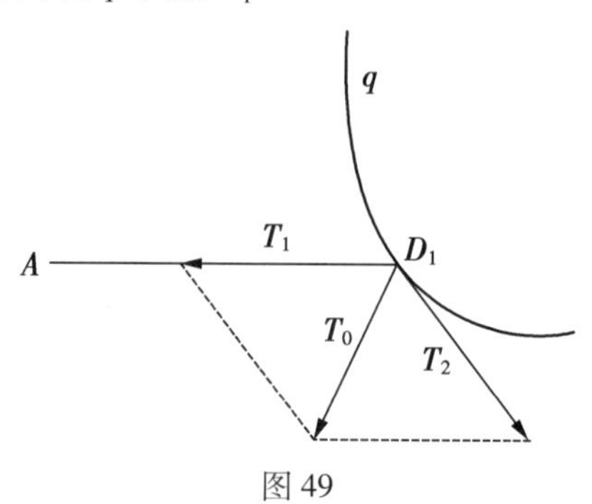

图 49

因此,在域Ⅰ里联结 A, B 两点的最短线是由切线

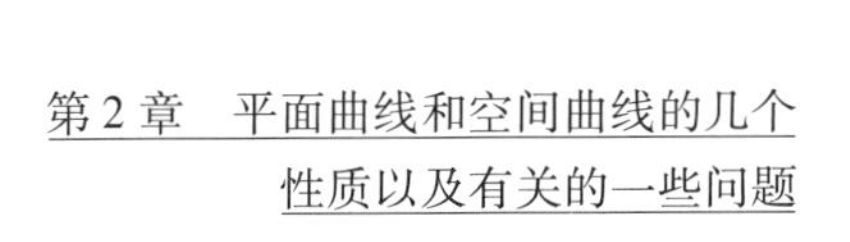

段 $AD_1, E_1D_2, \cdots, E_nB$ 以及边界上某些凸向Ⅰ这一侧的部分 $D_1E_1, D_2E_2, \cdots, D_nE_n$ 所组成.

前文在研究多面角的面上的最短线的时候,关于展开面上直线所在的位置我们曾经做了一些保留. 根据本节所说的材料,以前所加的限制可以除去了.

§6　平面曲线和空间曲线论里的几点知识

1. 密切圆　假设给定一条平面曲线 q(图 50). 在这条曲线上的点 A 我们作它的切线 KL 和法线 MN;也作各种可能有的在点 A 和直线 KL 相切的圆(也就是在点 A 和曲线 q 有公切线的圆);显然这些圆的中心都在法线 MN 上.

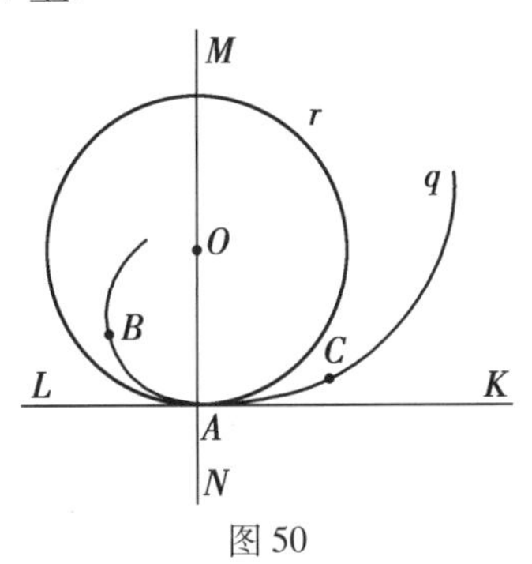

图 50

在所有的这些圆上,有一个和曲线 q 在点 A 最接近的圆. 在我们的图里圆 r 就是这个圆,这个圆叫作密切圆. 曲线 q 上包含点 A 的小弧 $\overset{\frown}{BC}$ 大致可以看成是密切圆的一个弧. 弧 $\overset{\frown}{BC}$ 越小,我们就可以更精确地用

圆 r 的弧去代替它. 圆 r 的中心 O 有时叫作曲率中心. 因此,曲线 q 上包含点 A 的小弧 $\overset{\frown}{BC}$ 大致可以看成是用曲率中心 O 作圆心的一个圆弧.

圆心是在圆的两条半径的交点上,但因半径是圆的法线,所以我们可以说,圆心是在圆的法线的交点上.

我们现在来研究一条任意的曲线 q 和它上面的一点 A 以及包含这点的一条小弧 $\overset{\frown}{BC}$(图 51). 这弧大致可以看成是在点 O 的密切圆的一段弧. 怎样寻求这圆的中心(曲率中心)呢?

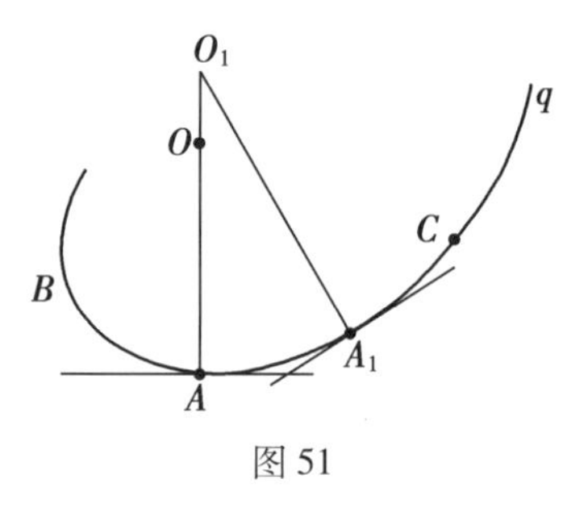

图 51

因为我们把弧 $\overset{\frown}{BC}$ 大致看成是密切圆的一段弧,所以我们可以说出下面的曲率中心的作图方法. 过点 A 和曲线 q 上任意一个和它靠近的点 A_1 引 q 的法线. 这两条法线交于点 O_1. 假若我们把弧 $\overset{\frown}{BC}$ 看成是密切圆的一段弧,根据前面所说,点 O_1 也就是密切圆的中心(曲率中心).

注 我们作密切圆心的方法是一个近似的方法. 弧 $\overset{\frown}{BC}$ 越小,我们的作法越精确. 我们可以对曲线 q 在

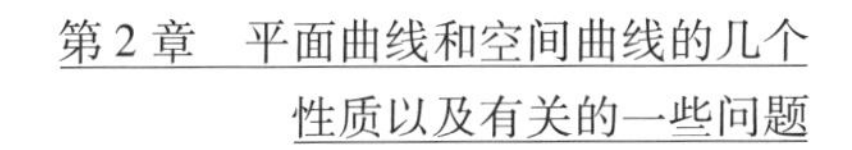

点 A 的曲率中心下一个(精确的)定义,那就是点 A 的法线和 A 的邻近一点 A_1 的法线的交点当 A_1 趋近于 A 的时候的极限位置. 引第二条法线的点 A_1 越靠近点 A,这两条法线的交点 O_1 就越接近极限位置 O. 密切圆可以这样下定义,那就是用 O 作中心,OA 作半径的圆.

例 2.1　在图 52 里,我们用刚才的近似方法作出了椭圆在两顶点 B 和 A 的曲率中心和密切圆.

2. **空间曲线**　前面我们研究了平面上的曲线,现在我们来研究空间里的曲线. 我们注意到,的确有不能安放在平面上的曲线存在. 比如螺旋线就是这种曲线.

事实上,假定我们在圆柱上给定一条螺旋线 q;如果 q 可以安放在某一平面 Q 上,那么它就是这个平面和圆柱的交线. 这有两种可能:或者平面 Q 和圆柱的轴相交,或者和圆柱的轴平行. 若平面和圆柱的轴相交,则它就沿某一闭曲线(沿椭圆,图 53)和圆柱面相交,而不是沿一条螺旋线,因为螺旋线不是闭曲线. 又若平面和圆柱的轴平行,则它或者沿两条直线和圆柱面相交,或者和圆柱面相切. 因而有一条公共直线,或者还可以和圆柱根本不相交. 在任何情形,螺旋线都不可能是平面和圆柱面的交线.

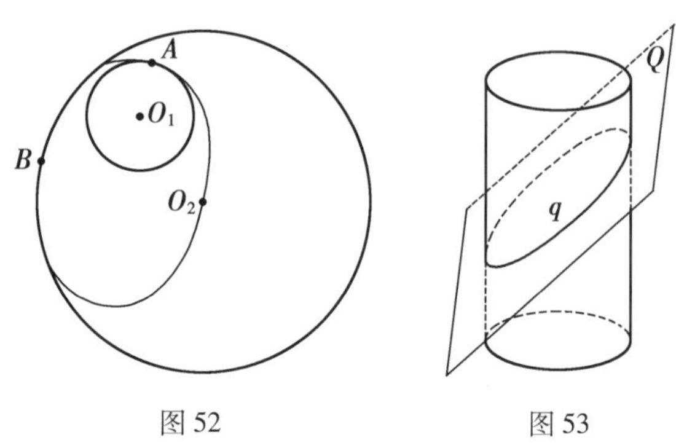

图 52　　　　图 53

空间曲线的切线也可以如同平面曲线的情形一样下定义. 设 A 是空间曲线 q 上的一点,过点 A 和曲线在这一点的切线垂直的一切直线都叫作 q 在点 A 的法线. 但在直线上任一点在空间里可以作无数条直线和它垂直. 因此,曲线 q 在点 A 的法线就有无数条:它们填满了在点 A 和切线垂直的整个平面(图 54).

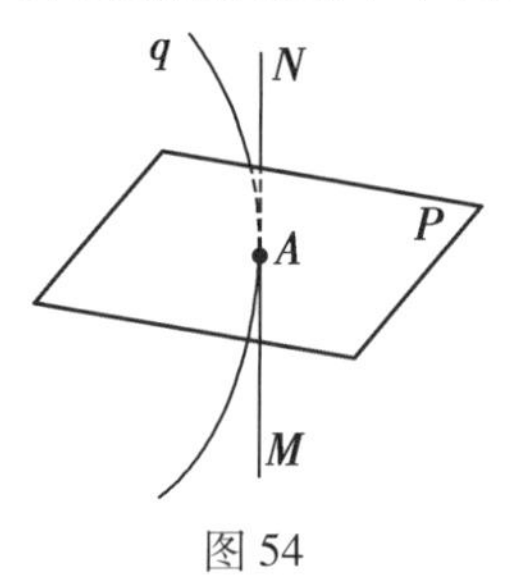

图 54

3. **密切平面**　我们在曲线 q 上取一点 A,又在这一点作一条和曲线 q 相切的直线 MN(图 55). 假设 A_1 是曲线上的一点,它和点 A 很接近. 空间曲线 q 的一段小弧 $\overset{\frown}{AA_1}$ 大致可以看成是一条平面曲线的弧. 过切线 MN 和点 A_1 所引的平面 Q 大致可以看成是曲线上的小弧 $\overset{\frown}{AA_1}$ 所在的平面. 平面 Q 叫作曲线 q 在点 A 的密

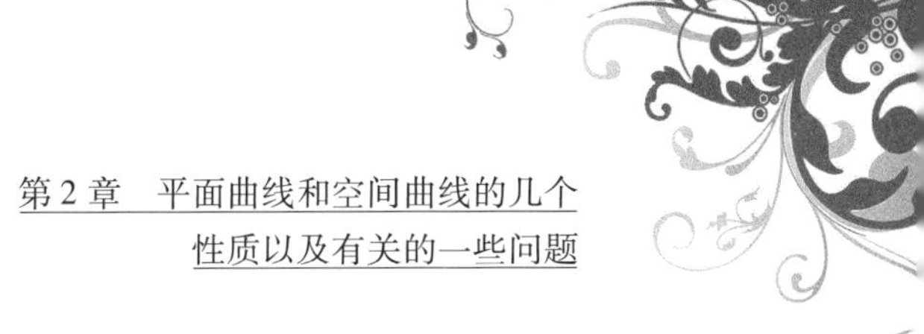

切平面.

注　我们现在来给密切平面下一个确切的定义. 过我们的曲线在点 A 的切线 MN 和同一曲线上的另一点 A_1 引平面 Q'. 设点 A_1 沿曲线 q 移动趋于点 A,这时候平面 Q'要绕 MN 转动而趋于一极限平面 Q,这极限平面就叫作密切平面. 假若点 A_1 非常接近点 A,那么过 MN 和点 A_1 的平面 Q'就非常接近极限平面 Q. 因此我们大致可以认为这种平面 Q'就是密切平面.

4. **主法线**　曲线 q 在点 A 的无数条法线当中,在密切平面上的一条法线 AT 叫作 q 在点 A 的主法线(图55).

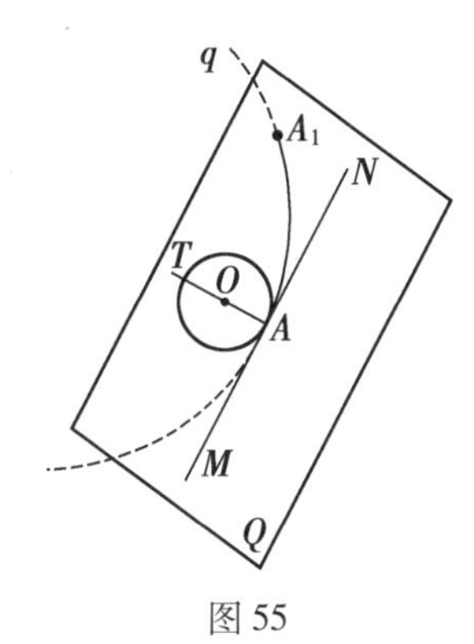

图55

假若曲线 q 全部在平面 Q 上(就是说,假若 q 是一条平面曲线),那么平面 Q 就是曲线 q 上一切点的密切平面,而 q 在这个平面上的法线也就是它的主法线.

5. **空间曲线的密切圆**　空间曲线 q 上包含点 A 的一段小弧可以大致认为是曲线 q 在点 A 的密切平面上的一条平面弧. 但每一条平面弧本身也可以大致认为

是密切圆(在这个平面上并且和曲线有公切线的)的一段弧. 这就是说,曲线 q 上包含点 A 的小弧大致可以看成是密切平面上某一圆的一段弧(图 55),这个圆叫作空间曲线的密切圆,它的中心 O 在曲线的主法线上. 因此,平面曲线和空间曲线的一小段可以大致看成是密切圆的一段弧. 曲线的弧越小,用密切圆的弧去代替曲线的弧就越精确.

§7　曲面论里的几点知识

1. **曲面的切面和法线**　我们现在来看曲面 S 和它上面的一点 A(图 56);曲面上环绕点 A 的一小部分可以大致看成是曲面 S 在点 A 的切面 Q 的一部分. 切面 Q 是这样的一个平面,曲面 S 上过点 A 的曲线在点 A 的切线都在这个平面上.

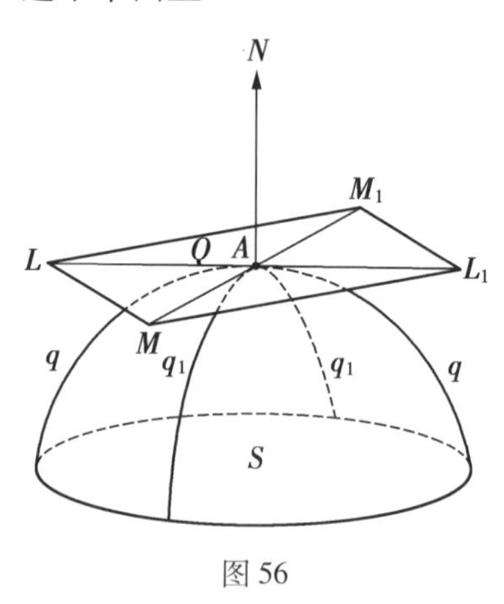

图 56

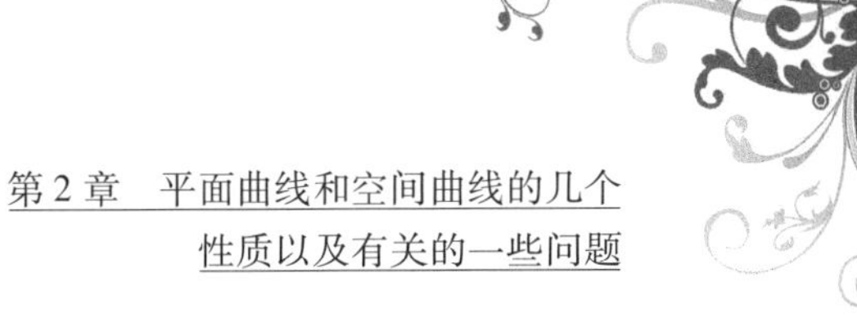

假若在 S 上过点 A 引两条曲线 q 和 q_1,它们在点 A 有不相同的切线 LL_1 和 MM_1,那么切面 Q 就是由直线 LL_1 和 MM_1 所决定的平面.

过点 A 并且和曲面 S 在点 A 的切面 Q 垂直的直线叫作曲面 S 在点 A 的法线.

曲面的法线 AN 是这个曲面上过点 A 的一切曲线的法线(一般说来,它不一定是这些曲线在这点的主法线).

例 2.2 球面在它上面某一点的法线就是球在这一点的半径.

圆柱面在它上面某一点的法线就是圆柱在这一点的圆截线的半径.

注 曲线不一定在它上面每一点都有切线. 例如我们可以取一条折线,对于折线,我们就不能确定它顶点的切线. 同样道理,空间曲线也不一定有密切平面,曲面不一定有切面和法线,等等. 比如圆锥面在顶点就没有切面和法线.

在以后所有的讨论里,我们只限于"平滑"曲线,就是在每一点都有切线、密切平面、曲率中心的曲线和"平滑"曲面,就是在每一点都有法线的曲面. 在曲面上,我们只讨论"平滑"曲线.

2. 点在曲面上保持平衡的条件 我们现在来讨论一个只能沿曲面 S 移动的点 A. 设 P 是作用在这点上

的合力(图57). 用 P_1 记力 P 的切线分力(那就是在曲面 S 上点 A 的切面 Q 上的分力),又用 P_2 记法线分力,它朝着曲面 S 在点 A 的法线方向. 切线分力 P_1 推着点 A 沿曲面移动,因此,要让点 A 在曲面上保持平衡,必须让切线分力 P_1 是 0,这就是说,力 P 和它的法线分力 P_2 相合. 所以,要使点 A 在曲面上保持平衡,作用在点 A 的各个力的合力 P 必须朝着曲面在这点的法线方向.

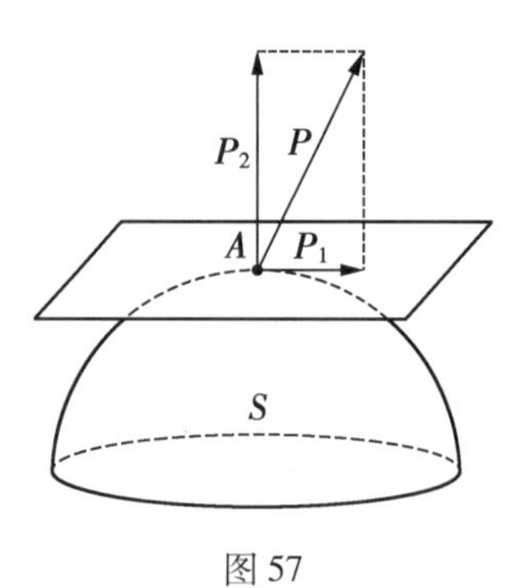

图 57

3. **空间里最短线方面的一些问题** 试来寻求联结两条空间曲线上的点的最短线.

重复第 5 节第 3 段的论证,我们可以证明联结两条曲线上的点的最短线是它们的公法线的一段.

特别的情形,在空间里两条不相交的直线上的点之间表示最短距离的线就是它们的公垂线的一段.

最后,同样可以证明,两个曲面之间的最短距离就是它们的公法线的一段.

第3章 短程线(测地线)

§8 关于短程线的约翰·伯努利定理

1. 弹性细线在曲面上的平衡 设在某一曲面 S 上给定了两点 A 和 B,这两点可以用曲面上的无数条线联结起来. 在这些线当中已经找到了最短的线 q. 我们的任务就是要去研究这条最短线的性质.

我们可以想象有一根在曲面上绷得很紧的系在 A,B 两点的橡皮筋(图 58). 假若这条橡皮筋取最短线 q 的形状,那它就是在平衡状态. 事实上,假若我们多少变换它的形状,使它离开了 q 的位置,那么我们就会把它拉长,而它要尽力缩短,就又会重新回到 q 的位置. 因此,落在最短线 q 的位置上的细线处于平衡状态,而且是稳定的平衡.

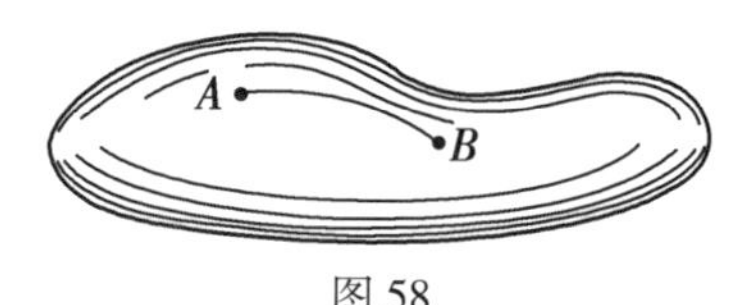

图 58

我们现在就开始研究曲面上弹性细线的平衡状态的线.

我们先来看一条圆弧形状的细线 $\overset{\smile}{AB}$(图 59). 在我们的细线上的一小段弧 $\overset{\smile}{CD}$ 上,受到细线上其余部分的张力的作用,也就是说,细线的 CA 部分的张力作用在点 C,DB 部分的张力作用在点 D. 这些张力分别朝着细线在 C,D 两点的切线方向. 我们用 P_1 和 P_2 来记这两个张力,就量上来说,力 P_1 和 P_2 是相等的,否则我们细线的 $\overset{\smile}{CD}$ 部分就不会保持平衡状态. 我们现在来求 P_1 和 P_2 的合力.

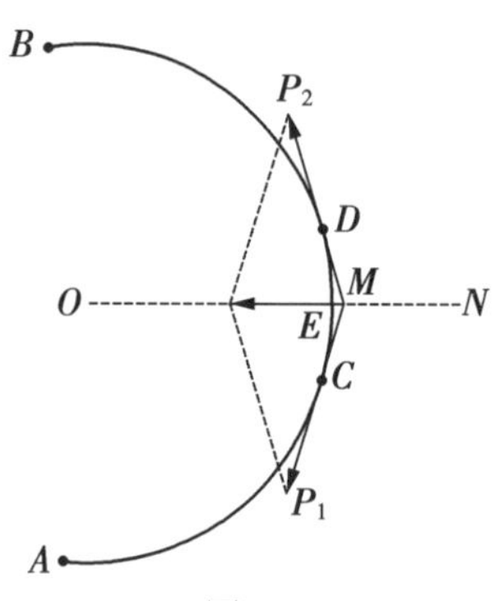

图 59

设点 M 是 C,D 两点的切线的交点(力 P_1 和 P_2 就是朝这两条切线方向的). 我们把力 P_1 和 P_2 移到点 M,容易看出,合力是朝着圆(细线 $\overset{\smile}{AB}$ 所在的)的中心 O

的. 用 E 记 $\overset{\frown}{CD}$ 的中点. 作用在 $\overset{\frown}{CD}$ 上的张力的合力经过这段弧的中点 E,并朝着半径 EO 的方向,因为半径 EO 是弧 $\overset{\frown}{AB}$ 在点 E 的法线,所以我们得到结果:作用在圆弧 $\overset{\frown}{CD}$ 上的张力的合力经过这段弧的中点 E,并且朝着圆在点 E 的法线方向.

我们现在来讨论普遍情形. 假设系在 A,B 两点的橡皮筋已经在曲面上绷紧,它的形状和曲线 q 相同.

我们在这条细线上挑出一段小弧 $\overset{\frown}{CD}$①. 在 C,D 两点上朝着 q 在这两点的切线方向的张力 P_1 和 P_2 作用在 $\overset{\frown}{CD}$ 上. 我们可以把曲线的一段小弧看成在这段弧的中点 E 的密切圆弧. 这圆的半径 EO 朝着曲线 q 在点 E 的主法线方向. 作用在圆弧上的张力的合力是沿着穿过这段弧的中点的半径的,现在的情形就是沿着半径 EO. 所以,作用在我们细线的小弧 $\overset{\frown}{CD}$ 上的张力的合力经过弧的中点 E,并朝着在点 E 的主法线 EO 的方向.

现在已经不难求出使得细线处在平衡状态的条件. 如果细线处在平衡状态,那么它的每一小部分 $\overset{\frown}{CD}$ 也处在平衡状态. 要使 $\overset{\frown}{CD}$ 处在平衡状态,必须让这个合力朝着曲面的法线方向. 作用在$\overset{\frown}{CD}$上的张力有朝着曲线 q 的主法线 EO 的方向的合力. 这就是说,同一直线 EO 必须同时是曲线 q 在点 E 的主法线和曲面 S 在这一点的法

---

① 因为 $\overset{\frown}{CD}$ 很小,我们可以把它看作一个圆弧,因而可以利用图 59.

线.

现在我们得出定理:要想在曲面 S 上绷紧了的橡皮筋 q 处在平衡状态,必须在它上面的任意一点 A 的主法线和曲面的法线相合.

2. 短程线 假若在曲面 S 上的线 q 上的每一点,q 的主法线和曲面 S 的法线相合,q 叫作曲面 S 上的短程线.

短程线也可以这样下定义:它是曲面上这样的曲线,在它上面每一点的密切平面必过曲面在这一点的法线. 事实上,设 A 是曲面 S 上的一条曲线 q 上的一点,曲面在点 A 的法线同时也是曲线 q 上这点的法线;假若这条法线是在曲线 q 在点 A 的密切平面上,它也就是主法线.

上面所证明的定理可以叙述成:

紧绷在曲面上的细线若是在这个曲面的一条短程线上,它必处在平衡状态.

例 3.1 绷紧在圆柱面上的细线,如我们上面所证,是沿着螺旋线的. 因此,螺旋线就是圆柱面上的短程线. 螺旋线的主法线和圆柱面的法线相合,而圆柱面的法线又是圆截线的半径. 所以,螺旋线的主法线是圆截线的半径.

例 3.2 我们现在来研究,在什么样的情形之下,平面曲线 q 可以是某一曲面 S 的短程线. 用 Q 记线 q 所在的平面,对于平面曲线 q 说来,在它上面任何一点的密切平面也就是平面 Q.

由短程线的第二定义,假若 q 是短程线,那么曲面 S 在曲线 q 上各点的法线必然在 q 的密切平面上,也就

是说,曲面 S 在曲线 q 上各点的法线必然在平面 Q 上.

例 3.3　我们现在考虑球面. 用过球心的一个平面 Q 截这曲面,我们就得到了球面上的所谓大圆,大圆是球面上的短程线.

事实上,球面在大圆上各点的法线是球的半径,在大圆上各点的半径是在这个圆所在的平面上的. 我们有了一个曲面上的平面曲线的例子,曲面在这条曲线上各点的法线都在这条曲线所在的平面上. 而我们刚才证明过,这样的平面曲线是短程线.

假若我们用一个不过球心的平面 Q_1 截球面,我们就得到球面上的一个小圆. 因为球面在小圆上各点的法线(就是球的半径)不在小圆所在的平面上,所以小圆不是球面的短程线.

沿着大圆弧绷紧的橡皮筋是处在平衡状态的,但若它是沿着小圆弧绷紧的,那它就要从上面滑下来,因为它在这上面不是处在平衡状态.

约翰·伯努利定理　联结曲面上两点的许多线当中,最短的是短程线弧.

我们已经有了伯努利定理的证明. 事实上,我们一方面已经证明了,一条曲线,假若橡皮筋在曲面上沿着它绷起来是处在平衡状态,那它就是一条短程线. 另一方面,我们知道,曲面上系在 A,B 两点的橡皮筋,若它是在联结这两点的最短线的位置上,那它就处在平衡状态.

注　过球面上两点 A,B 作大圆 q. 点 A 和 B 把这大圆分成两个弧(图 60):弧 $\overset{\frown}{AMB}$ 和弧 $\overset{\frown}{ANB}$. 这两个弧都是联结 A,B 两点的短程线. 设弧 $\overset{\frown}{AMB}$ 比弧 $\overset{\frown}{ANB}$ 短,显

然这时候$\overset{\frown}{AMB}$是球面上联结 A,B 两点的最短弧,而弧$\overset{\frown}{ANB}$虽然也是一条短程线,毕竟不是球面上联结 A,B 两点的最短弧. 球面上沿着这两个弧当中任一个弧绷紧的橡皮筋都处在平衡状态. 但细线当沿弧$\overset{\frown}{AMB}$绷紧的时候是处在稳定平衡状态的. 细线沿弧$\overset{\frown}{ANB}$绷紧的时候是处在不稳定平衡状态的. 假若我们把细线从$\overset{\frown}{ANB}$的位置拉到变成曲线$\overset{\frown}{AN_1B}$的形状(图 60),$\overset{\frown}{AN_1B}$和$\overset{\frown}{ANB}$相接近,但比较短些,那细线就要离开$\overset{\frown}{ANB}$的位置沿着曲面上滑过.

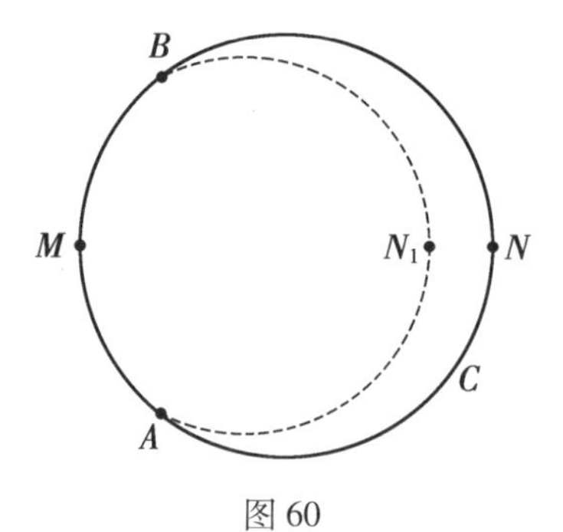

图 60

这样,我们看到,短程线这一性质是使线变成最短的必要条件,但不是充分条件.

然而可以证明,短程线上充分小的一段弧总是最短的.

短程线可以这样下定义:它是这样的一条线,在这条线上充分小的弧段都是最短线.

3. 短程线的"作图" 我们用刀口在某一曲面 S 上轻轻划过,在每一瞬间,刀口和曲面在某一点 A 相

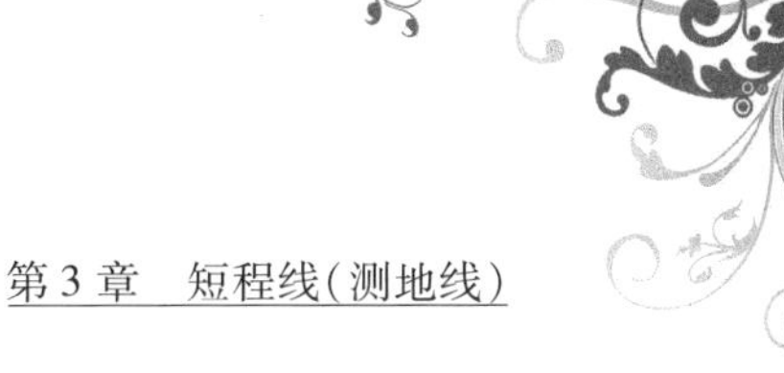

切(图 61). 同时,我们这样来拿刀,使曲面在它和刀口接触点的法线总通过刀面. 这时候刀在曲面 S 上所划出的曲线 q 就是一条短程线. 实际上,我们现在来看刀所划出的曲线 q 上的小弧 $\overset{\frown}{BC}$ 和它上面的一点 A. 我们大致可以认为弧 $\overset{\frown}{BC}$ 是在当刀口和曲面在点 A 相切的那一瞬间的刀面上. 这样,在刀口和曲面在点 A 接触的那一瞬间的刀面,就是曲线 q 在点 A 的密切平面. 但我们从前面已经知道,假若曲线 q 的密切平面总是过曲面的法线,q 就是短程线. 因此,曲线 q 是我们曲面的短程线.

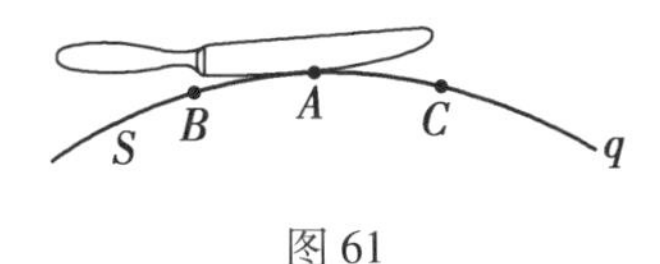

图 61

对于任意一曲面,我们还可以研究一个问题:要把曲面上剪下来的狭窄带形展开在平面上,还有,反过来,要把平面带形裹在曲面上. 必须更确切地下定义,说明我们是怎样理解这些话的.

设在曲面上给定一曲线 q,我们用一狭窄带形把它围起来(图 62). 一般说来,我们不一定能把这条带形展开在平面上使得这条带形上的曲线在长度上没有一些改变. 但带形越窄,这种改变相对地就越小[①].

① 用极限论的话来说,那就是曲线长度的改变在和带形的宽度比较起来,是一个高阶无穷小量.

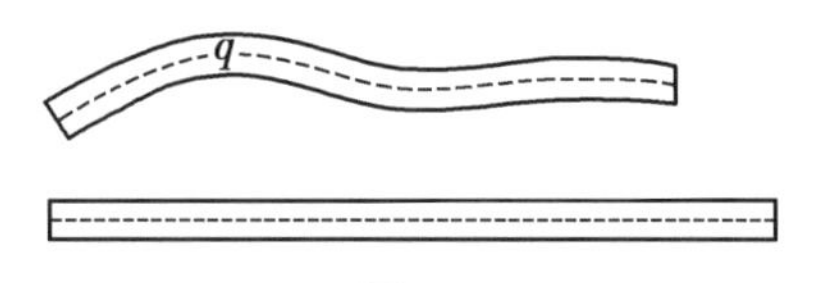

图 62

假若我们把曲面上的狭窄带形展开在平面上，带形上联结两定点的最短线就变成了平面带形上有类似性质的一条弧，也就是变成直线段. 反过来，裹在曲面上的平面带形上的直线段变成了曲面上的最短线，就是变成短程线. 因此，包围直线段的狭窄带形(宽比长小得非常多的带子)是这样裹在曲面上，它使得直线段变成短程线弧. 我们的窄带子是沿着一条短程线落在曲面上的. 因此，裹在曲面上的狭长带子可以构成曲面上的短程线的一种观念.

§9　关于短程线的补充说明

1. 对称平面　现在我们来举一些短程线的例子. 我们先提醒读者一个定义：若两点 A 和 A' 在平面 Q 的两侧，在 Q 的同一条垂线上，并且它们到平面 Q 的距离相等，则点 A 和 A' 叫作关于平面 Q 对称(图 63).

若图形 q 的每一点 A 都对应图形 q' 上和它关于平面 Q 对称的一点，反过来也是这样，则图形 q 和图形 q' 叫作关于平面 Q 对称(图 64).

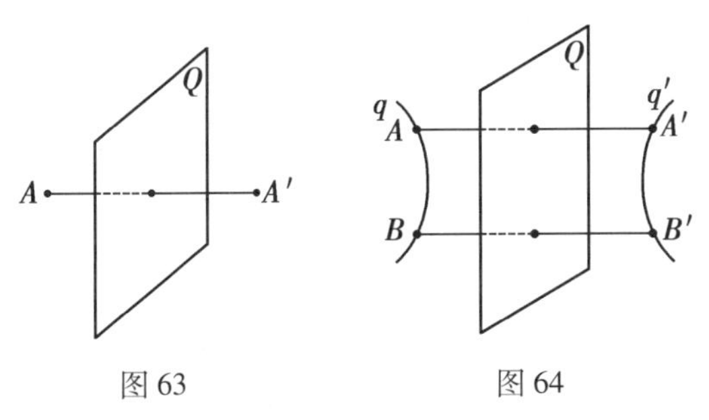

图63　　　　　图64

若平面 Q 把曲面 S 分成两部分,而这两部分又是关于 Q 对称的,则平面 Q 叫作曲面 S 的对称平面.

例　就球面来说,通过球心的任何一个平面都是球面的对称平面.

就圆锥面和圆柱面来说,通过它们的轴的任何一个平面都是对称平面.

对于有限的圆柱面来说,和轴垂直并把圆柱的高度平分的平面是对称平面.

对于无限的圆柱面(就是说,它的母线是无限长的直线)来说,任意一个和轴垂直的平面都是对称平面.

定理3.1　设曲面 S 有对称平面 Q,Q 和 S 交于线 q,那么线 q 是曲面的短程线①.

按假设,线 q 是在平面 Q 上的. 如果在平面曲线 q(见前一节的例)上的任一点,曲面 S 的法线都是在平面 Q 上,那么曲线 q 就是曲面 S 的短程线.

设点 A 是曲线 q 上的任意一点(图65). 我们来证明曲面 S 在点 A 的法线是在平面 Q 上. 我们先反过来假设:曲面 S 在点 A 的法线 AB 不在平面 Q 上. 把 AB 关于 Q 对称的直线记作 AB'. 因为 AB 自己不在平面 Q

① 注意,我们只讨论平滑的曲面.

上,所以 AB 和 AB'不重合. 但平面 Q 是曲面 S 的对称平面,并且如果 AB 是 S 在点 A 的法线,那么和它对称的直线 AB'也是 S 在点 A 的法线. 这样一来,曲面 S 在点 A 便有了两条法线,但这是不可能的. 我们得到了矛盾,这就证明了 S 在任一点 A 的法线都在平面 Q 上. 我们的定理就完全证明了.

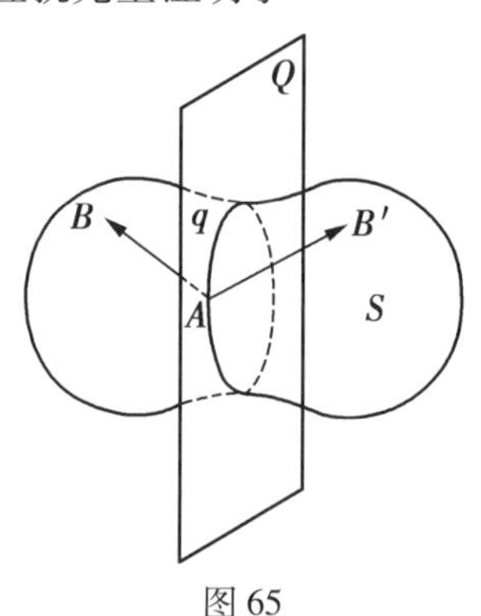

图 65

2. **闭短程线** 如果把橡皮圈在曲面 S 上绷紧,并使得这个橡皮圈处在平衡状态,那它的形状就会是某一条闭曲线 q. 这条曲线 q 是短程线,并且还是闭的. 比如,当橡皮圈在球面上取大圆的形状的时候,它会处在平衡状态. 球面上的大圆,以及回转椭圆面上作为子午线的椭圆都是闭短程线(关于回转曲面,见第 10 节).

如果闭曲面 S 有某些对称平面,那么(由上面所证明的定理)每一个对称平面和曲面相交于一条闭短程线.

有三个不同长短的轴 AA', BB', CC'的椭圆面(图 66)有三个对称平面,每一个平面通过椭圆面的两条轴. 这三个平面和椭圆面相交所得的三个椭圆 E_1, E_2,

E_3 是闭短程线.

可以证明,在一切闭曲面上,至少有三条闭短程线.

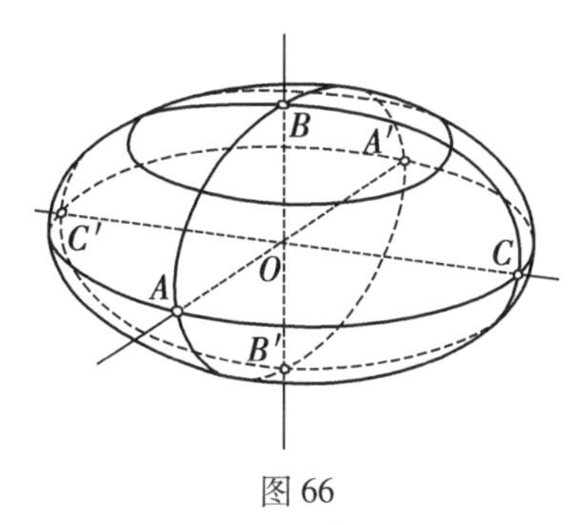

图66

3. **赫兹原理**　在平面上依惯性而运动的点,是沿直线运动的(牛顿第一定律). 而在曲面上运动的点,如果没有受到外力作用,必定沿着短程线运动. 这就是赫兹原理.

例如,在球面上运动的点,如果没有受到外力作用,必定沿大圆运动,在圆柱面上却沿着螺旋线运动.

实际上,沿曲线 q 运动着的点,它的加速度可以分解成切线的(朝着曲线 q 的切线方向的)和法线的(朝着曲线 q 的主法线方向的)加速度. 但如果点沿着曲面 S 上的曲线 q 运动的时候没有受到外力作用,那在这个点上作用的只是曲面的反作用力;而曲面的反作用力是朝着曲面的法线方向的. 既然作用力的方向和加速度的方向一致,那么在每一时刻,点的加速度方向一定和曲面的法线方向相合. 曲面在曲线 q 上某点的

法线和曲线 q 在这一点的切线垂直. 既然加速度是朝着曲面法线的方向,也就是说,和曲线 q 的切线垂直,那么切线加速度一定等于零. 因此,我们的点只有法线加速度,它朝着 q 的主法线的方向. 加速度的方向同时是曲线 q 的主法线方向和曲面 S 的法线方向. 这就表示说,在曲线 q 上的每一点,这两个方向相合,由此可知,曲线 q 是曲面 S 上的短程线.

4. **有棱曲面上的短程线** 我们现在来看一个由两个平滑曲面 S_1 和 S_2 沿着曲线 s 拼成的曲面 S,曲线 s 叫作曲面 S 的棱(二面角的面可以作为这种曲面的例子). 设在曲面 S 上取两点 A 和 B,一点在 S_1 上,一点在 S_2 上(图 67),设 $q_0 = ACB$ 是弹性细线在曲面 S 上平衡时的位置. 这里,点 C 是在棱 s 上的,而曲线 q_0 的弧 $\overset{\smile}{AC}$ 和 $\overset{\smile}{CB}$ 分别落在 S_1 和 S_2 上. 显然 $\overset{\smile}{AC}$ 是 S_1 上的短程线,$\overset{\smile}{CB}$ 是 S_2 上的短程线. 我们用第 8 节所用的方法来求出在转折点 C 平衡的条件. 曲线 q_1 是系牢在点 A 和 B 的柔韧细线在曲面 S 上平衡时的位置.

用 α 表示弧 $\overset{\smile}{AC}$ 和棱 s 的 CC'那一段所夹的角,用 β 表示棱的 CC''段和弧 $\overset{\smile}{CB}$ 的夹角(就是指它们切线的夹角). 作用在点 C 上的有这样一些张力:朝着弧 $\overset{\smile}{CA}$ 的切线方向的 P_1,和朝着弧 $\overset{\smile}{CB}$ 的切线方向的 P_2. 这两个力大小相等,都等于 T. 这两个力在棱 s 上点 C 的

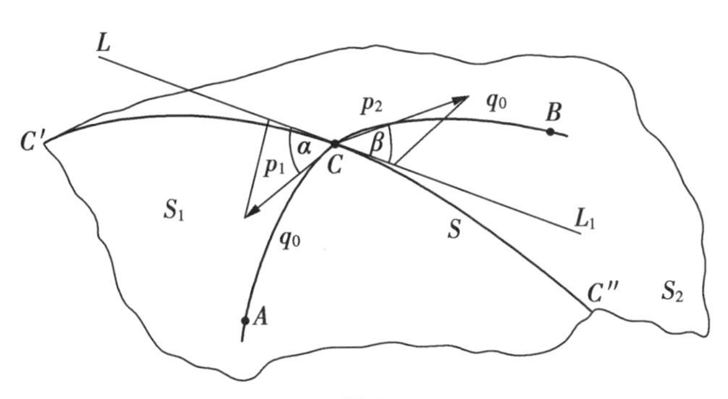

图 67

切线 LL_1 上的射影分别等于 $T\cos\alpha$ 和 $T\cos\beta$,而方向相反. 平衡的条件

$$T\cos\alpha = T\cos\beta$$

使我们得到

$$\alpha=\beta \tag{3.1}$$

这就是说,在转折点,棱 s 和弧 $\overset{\frown}{AC}$ 的夹角等于棱 s 和弧 $\overset{\frown}{CB}$ 的夹角.

很自然地,我们把曲线 q_0 叫作曲面 S 上的短程线.

若曲面 S 是由几块平滑的部分组成,划分这些部分的是棱 $s_1,s_2,\cdots,s_n$,则在这样的曲面上,短程线(弹性细线平衡时候的线)是由绷紧在棱 $s_1,s_2,\cdots,s_n$ 的一些短程线弧所组成,而在每个衔接点满足条件(3.1).

在曲面 S 上的最短线是短程线. 第 1 节里所讲的关于在多面角的面上最短线的性质是有棱曲面上短程线(和最短线)性质的特别情形.

上面所说的关于在这样的曲面上的短程线的性质也可以从赫兹原理推出.

§10 回转曲面上的短程线

1. **回转曲面** 我们把平面曲线 q 绕着和 q 在同一平面上的直线 AB 回转(图 68). 绕着 AB 回转 q 的时候,产生了一个曲面 S,叫作回转曲面. 任何一个通过回转轴 AB 的平面 Q,和 S 相交于一对曲线 q 和 q'. 这种曲线叫作子午线. 它们是由曲线 q 绕着回转轴回转一个适当的角度而得到的. 每一个和回转轴垂直的平面和曲面 S 相交于一个圆,叫作平行圆.

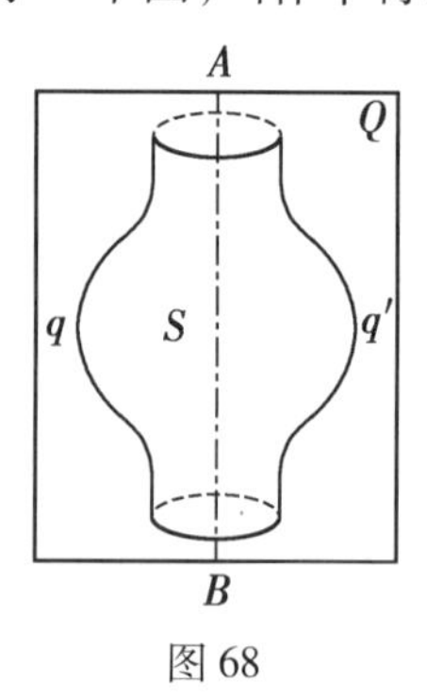

图 68

定理 3. 2 回转曲面上所有的子午线都是短程线.

我们来看通过轴 AB 的平面 Q 和回转曲面相交所得的子午线 q 和 q'. 平面 Q 是回转曲面 S 的对称平面,因此,它和曲面 S 相交于短程线. 于是,q 和 q'是短程线.

例 3. 5 把椭圆 E 绕着它的轴回转(图 69),我们得到所谓的回转椭圆面. 它的子午线是和 E 相等的椭

圆,这些椭圆是短程线.

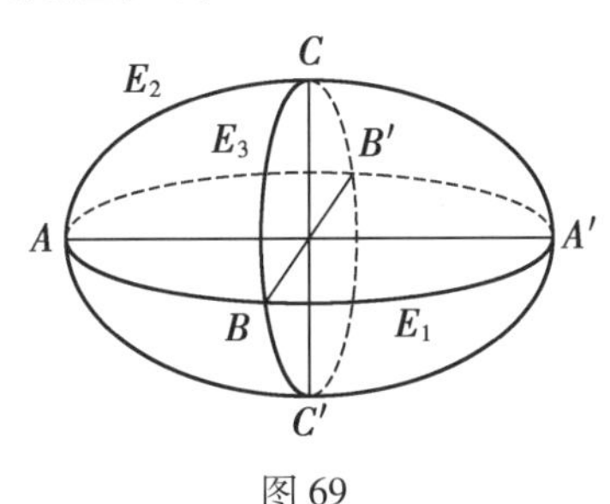

图 69

注　在圆柱面上,所有的平行圆都是短程线;在球面上的平行圆当中只有赤道是短程线;在圆锥面上,没有一个平行圆是短程线.

2. **克莱拉定理**　考虑在回转曲面 S 上的短程线 q. 设 A 是短程线 q 上的任意一点,r 是这一点到回转轴的距离(平行圆半径),α 是短程线 q 和过点 A 的子午线之间的交角.

定理 3.3(克莱拉)　在短程线 q 上的每一点,$r\sin\alpha$的值是常数

$$r\sin\alpha = c = \text{常数} \tag{3.2}$$

如果用β表示短程线和平行圆之间的交角,那么公式(3.2)可以写成

$$r\cos\beta = \text{常数}$$

克莱拉定理对于圆锥面和圆柱面的特殊情形,我们已经证明过了(见第3节第4段).

我们来看折线 $A_0A_1\cdots A_n$ 绕着轴 L 回转所产生的曲面 S_n. 曲面 S_n 由 n 个面 $S_1, S_2, \cdots, S_n$ 组成,它们分别是由回转各边 $A_0A_1, A_1A_2, \cdots, A_{n-1}A_n$ 而产生的. 这些曲面被一些由平行圆 $t_1, t_2, \cdots, t_{n-1}$所组成的"棱"所分开,这些平行圆是由折线的顶点 $A_1, A_2, \cdots, A_{n-1}$回转所

产生的圆.

再来看曲面 S_n 上的两点 A 和 B,并把它们用短程线 q_0 联结起来. 由第 9 节第 4 段里所证明的,短程线 q_0 是由在截头圆锥面或圆柱面 $s_1, s_2, \cdots, s_n$ 上的短程线弧在棱 $t_1, t_2, \cdots, t_{n-1}$ 上衔接而组成的,而互相衔接的短程线弧和"棱"的交角是两两相等的. 当沿着 q_0 运动的时候,曲线 q_0 和平行圆的交角 β 连续地变动而没有间断(本来只有在平行圆变成一条"棱"的那个时刻,这个角度的变动可能发生不连续的间断. 但根据我们前面所说的,这也不会发生). 因此,$r\cos\beta$ 的值也连续地变动,没有间断.

检查一下当我们沿着 q_0 移动的时候,$r\cos\beta$ 的值怎样变动. 当我们在曲面 $s_0, s_1, \cdots, s_n$ 当中的一个上面运动的时候,式 $r\cos\beta$ 保持不变(由我们已经证明的克莱拉定理的特别情形知道). 当通过"棱"$t_1, t_2, \cdots, t_{n-1}$ 当中的一个的时候,$r\cos\beta$ 的值也不会有间断. 这就表示它沿着整个曲线 q_0 都取常数值. 这样,对于短程线 q_0 上的所有的点来说,都有关系式

$$r\cos\beta = 常数$$

任意的平面曲线 m 可以看作内接多边形 m_n 当边数 n 无限增多而最长边的长度趋于零的时候的极限. 把 m 绕着某一个轴回转所得到的回转曲面 S,是把 m_n 绕着同一个轴回转所产生的曲面 S_n 的极限. 对于曲面 S_n 上的最短线来说,克莱拉定理成立. 由此,我们得到结论说,对于曲面 S 上的最短线,克莱拉定理也成立.

第 二 讲

和紧张细线的位能有关的问题

第 4 章

§11　线的不改变长度的运动

1. **柔韧细线的位能**　我们要认为柔韧细线在它所有的点都有相等的张力，并且当细线的长度改变的时候，这个张力保持不变. 我们来求细线的位能.

设 $q = \overset{\frown}{ABC}$是一条平滑曲线，长度是 l，由长 l_0 的弧 $\overset{\frown}{AB}$ 和长$(l - l_0)$的弧 $\overset{\frown}{BC}$ 所组成(图 70). 设占有位置 $\overset{\frown}{AB}$ 的细线蜿蜒着沿曲线 q 伸长到占有位置$\overset{\frown}{ABC}$，这时候点 A 固定不动，而点 B 描出了长度是$(l - l_0)$的弧$\overset{\frown}{BC}$. 考虑张力所做的功.

在点 B 的张力所做的功等于 $T(l - l_0)$.

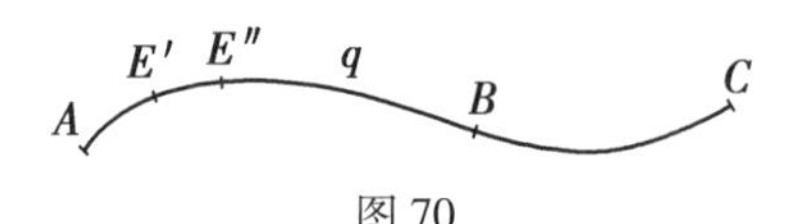

图 70

在曲线 q 的小段弧 $E'E''$ 上作用的张力所做的功等于0. 实际上,这些力的合力朝着曲线 q 的法线方向,但是弧 $E'E''$ 是沿着曲线 q 滑动的.

这样说来,在我们细线的运动里,张力总共所做的功,就归结成作用在端点 B 的力所做的功,就是说,等于

$$T(l-l_0)=Tl-Tl_0$$

设当细线占有位置 $\overset{\frown}{AB}$ 的时候它的位能等于 V_0,而当它占有位置 $\overset{\frown}{ABC}$ 的时候,位能等于 V. 位能的增量 $V-V_0$ 等于所做的功,就是说

$$V-V_0=Tl-Tl_0$$

或

$$V-Tl=V_0-Tl_0 \tag{4.1}$$

我们认为,当细线的长度趋于0的时候,位能趋于0;当 $l_0\to 0$ 的时候,有 $V_0\to 0$,这就是说,$(V_0-Tl_0)\to 0$. $l_0\to 0$ 的时候把等式(4.1)的右方过渡到极限,我们得到

$$V-Tl=0$$

由这里就得到

$$V=Tl \tag{4.2}$$

柔韧细线的位能等于它的长度乘张力.

推论 若细线移动时张力所做的功等于0,则细线的长度没有变动. 事实上,在这个条件之下,位能不变,因为位能是和长度成正比的.

注意,若直线段 AB 移动的时候仍旧是直线,则张力总共所做的功就归结成在这个线段端点的张力所做

的功.

保持折线 ACB 性状的细线,它的张力总共所做的功就归结成在折线端点 A,B 以及顶点 C 的张力所做的功.

2. 平行曲线　两条有公法线的曲线叫作平行曲线. 最简单的平行曲线就是平行直线和同心圆.

定理 4.1　夹在平行曲线 q 和 q' 之间的各公法线线段,有相等的长度.

设曲线 q 和 q_1 的公法线 AB 从位置 A_0B_0 移动到位置 A_1B_1,并且在每一时刻始终是它们的公法线(图 71).

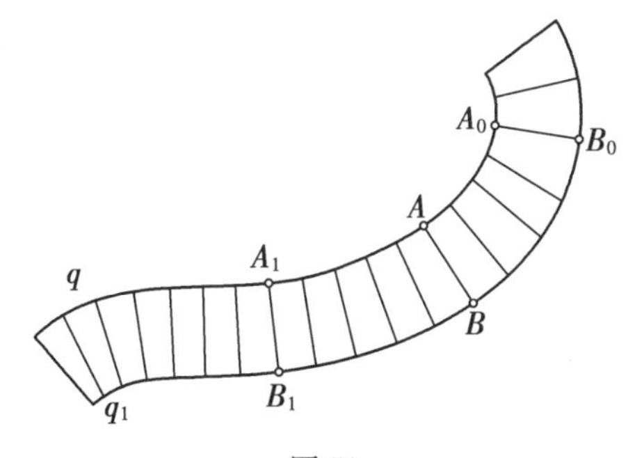

图 71

在这个移动中,张力所做的功等于 0. 事实上,在端点 A 的张力朝着曲线法线的方向,因此,当这个端点沿着曲线 q 移动的时候,张力所做的功等于 0. 同样,在沿着曲线 q_1 移动的端点 B,张力所做的功也等于 0. 因此,在我们的公法线的移动中,张力所做的功等于 0. 由上面所说的推论,这时公法线的长度 l 不变

$$l(A_0B_0)=l(A_1B_1)$$

3. 椭圆和抛物线的法线　距两个定点 F 和 F_1 的距离的和等于常数的点 B 的轨迹叫作椭圆

$$FB + F_1B = 2a \qquad (4.3)$$

(a 是常数).

点 F 和 F_1 叫作椭圆的焦点,线段 FB 和 F_1B 叫作矢径.

定理 4.2 椭圆在它任意一点 B 的法线必定是矢径所夹角 $\angle FBF_1$ 的平分线 BD(图 72).

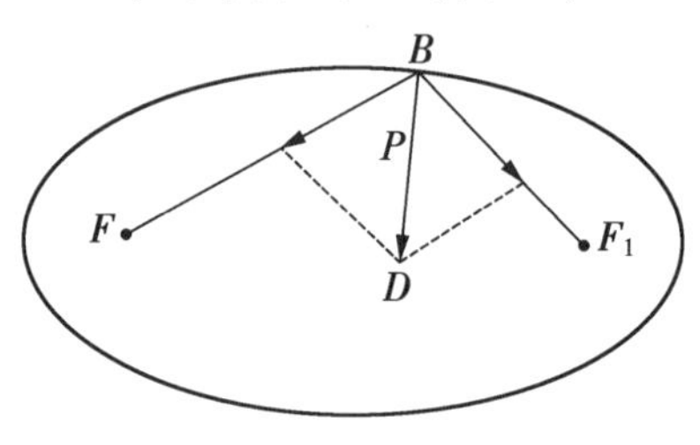

图 72

事实上,设把形状如折线 FBF_1 的弹性细线系牢在点 F 和 F_1;如果使点 B 沿着椭圆运动来移动这条折线,那么(由式(4.3))它的长度不变. 因此,在任何时刻,张力所做的功等于0. 张力所做的功可以归结到在点 B 作用的力所做的功. 在这一点作用的是两个相等的张力,方向分别是 BF 和 BF_1. 它们的合力 P 是朝着 $\angle FBF_1$ 的平分线 BD 的方向的. 既然当点 B 沿着椭圆运动的时刻 P 所做的功始终等于 0,那么 P 在每一个时候都一定朝着椭圆法线的方向. 因此,椭圆在它的任意一点 B 的法线和 $\angle FBF_1$ 的平分线重合.

距定点 F 和定值线 d 等距离的点 B 的轨迹叫作抛物线

$$FB = BC \qquad (4.4)$$

(BC 是从点 B 所引直线 d 的垂线段(图 73)). 点 F 叫作抛物线的焦点,直线 d 叫作它的准线,通过焦点和 d

垂直的直线 LL_1 叫作抛物线的轴. 引直线 d_1 和 d 平行,使得焦点 F 和准线 d 都在 d_1 的同一侧. 用 a 表示平行直线 d 和 d_1 的距离. 通过抛物线上的点 B 引直线 d 和 d_1 的公垂线 CC_1(CC_1 和轴 LL_1 平行). 我们有

$$CC_1 = CB + BC_1 = a$$

这里 a 是常数,等于平行直线 d 和 d_1 之间的距离. 由式(4.4),得

$$FB + BC_1 = a \tag{4.5}$$

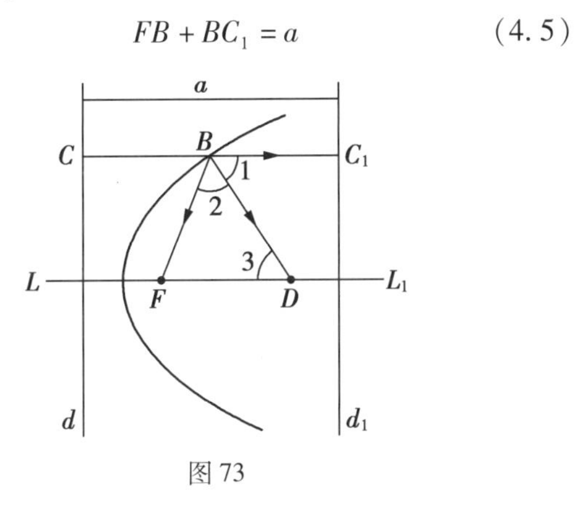

图 73

现在不难证明下面的命题.

定理 4.3　抛物线在它任意一点 B 的法线必定平分矢径 FB 和平行于轴 LL_1 的直线 BC_1 之间所夹的 $\angle FBC_1$.

我们来看一条形状如折线 FBC_1 的细线,它的一端系牢在点 F,另一端 C_1 在直线 d_1 上滑动,使得 BC_1 保持和 d_1 垂直,而点 B 在抛物线上滑动.

可以从式(4.5)看出,这条细线的长度保持不变,因此,张力总共所做的功等于 0. 这个功等于在点 C_1 和点 B 的张力所做功的和. 在点 C_1 的张力所做的功等于 0,因为这个力的方向(沿着线段 BC_1)和直线 d_1 垂直,而点 C_1 沿着直线 d_1 运动. 这就表示说,在点 B 的张力所做的功也等于 0. 再重复一次关于椭圆的情形所做的论证,就完成了定理的证明①.

注 由定理 4.3 可以推出抛物线法线的作法. 在轴 LL_1 上截取长度等于抛物线矢径 FB 的线段 FD. 直线 BD 是抛物线的法线.

事实上,在图 73 里,$\angle 1$ 和 $\angle 3$ 是平行线 LL_1 和 CC_1 被割线 BD 所截而得的内错角,因而相等;因为 $\triangle FBD$ 是等腰的,所以 $\angle 3$ 和 $\angle 2$ 相等. 从这里我们得到:$\angle 2 = \angle 1$,也就是说,BD 是 $\angle FBC_1$ 的平分线;因此,由定理 4.3,BD 是抛物线在点 B 的法线.

4. 短程切线和短程法线 若短程线弧 $\overset{\frown}{AB}$ 在曲面上移动,那只有作用在弧两端点 A 和 B 的张力做了功. 实际上,作用在弧 $\overset{\frown}{AB}$ 上任何一小部分的张力的合力是朝着曲面的法线方向的,因此,弧在曲面上运动的时候,它所做的功等于 0.

若曲面上的曲线 q 在它上面的点 B 和短程线 r 有公切线,则短程线 r 叫作曲线 q 在点 B 的短程切线;若曲线 q 在点 B 和短程线 S 正交,则 S 叫作曲线 q 在点 B 的短程法线(图 74).

关于公法线的定理 4.1 可以推广到短程法线.

定理 4.4 设二曲线 q 和 q_1 在曲面上处处都共有

① 实际上我们只对在直线 d_1 左侧的抛物线上的点证明了这个定理. 但是因为这条直线(d 的平行线)的位置是任意的,所以定理对于抛物线上的所有的点都成立.

短程法线,则各条公共短程法线夹在 q 和 q_1 之间的一段有相同的长度(图 75).

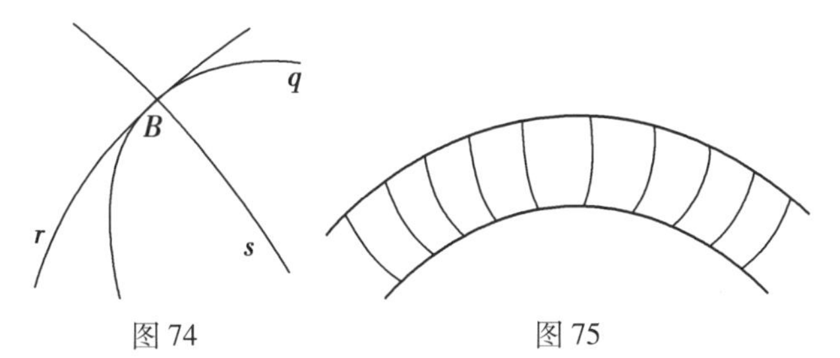

图 74　　　　图 75

例 4.1　球面上,夹在两个平行圆之间的子午线线段有相同的长度.

重复定理 4.1 的证明就可以证明定理 4.4.

5. 短程圆　在通过曲面上点 A 的一切可能的短程线上截取等长的弧 $\overset{\smile}{AB}$. 端点 B 的轨迹叫作短程圆,短程线弧 $\overset{\smile}{AB}$ 叫作短程半径(图 76).

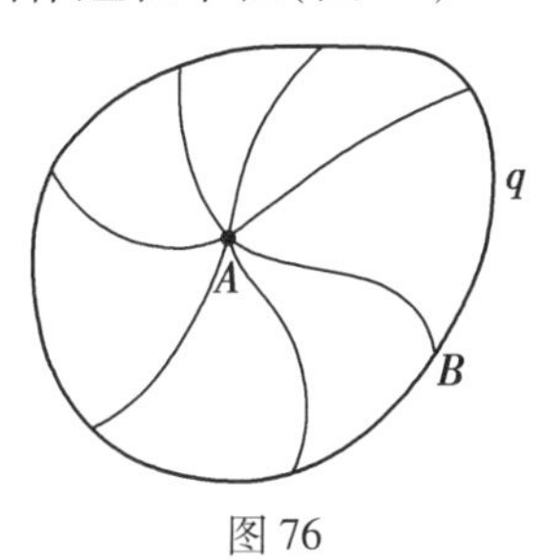

图 76

每一条短程半径 $\overset{\smile}{AB}$ 都是短程圆在点 B 的短程法线.

设弹性细线 $\overset{\smile}{AB}$ 的端点 A 固定,并且由短程半径的形状,移动 $\overset{\smile}{AB}$ 使得端点 B 描出短程圆 q. 既然短程线弧 $\overset{\smile}{AB}$ 的长度不变,张力所做的功就等于 0. 这个功归结成在端点 B 的张力所做的功. 因此,在点 B 的张力所做的功总等于0. 张力一定朝着曲线 q 的法线方向. 而在点 B 的张力的方向又是和短程半径 $\overset{\frown}{AB}$ 相切的,这样我们的定理就证明了.

§12　渐屈线和渐伸线

我们现在来看一条平面曲线 q,考虑从这条曲线的各个点所引法线形成的直线族,以及这些法线的包络 s(就是说,和这些法线相切的曲线 s). 包络 s 叫作曲线 q 的渐屈线,而和渐屈线 s 所有的切线正交的曲线 q 叫作曲线 s 的渐伸线(图77).

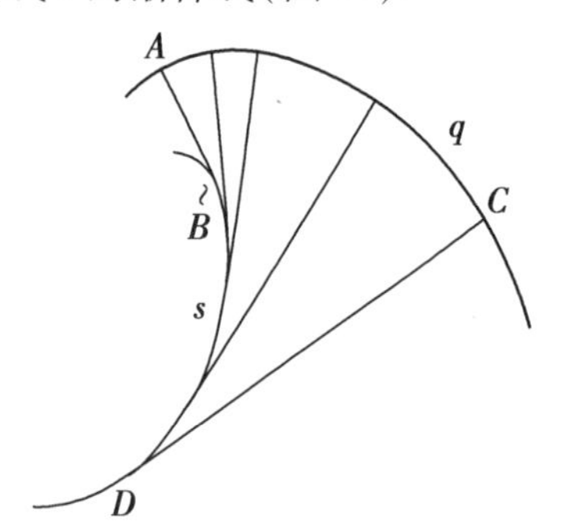

图77

渐屈线的每一点 B 是渐伸线的法线 AB 和无限邻近的法线 $A'B'$ 的交点,也就是说,点 B 是曲线 q 在点 A 的曲率中心(见第6节). 曲线 q 的渐屈线 s 可以这样下定义,它是这条曲线的曲率中心的轨迹.

设弹性细线的形状如曲线 r,由渐伸线的法线线段 AB 和渐屈线 s 的弧 $\overset{\frown}{BD}$ 所组成(图77). 若沿着这条

曲线从 A 运动到 D,在点 B 从直线段 AB 到弧 $\overset{\frown}{BD}$ 的过渡是平滑的. 因此,弹性细线取 $r=\overset{\frown}{ABD}$ 的位置的时候,是处在平衡状态的. 我们来移动细线 r,使得端点 A 沿着渐伸线运动,而点 B 沿着渐屈线运动;这时候 AB 总处在渐伸线的法线位置,而细线剩下的部分 BD 紧贴着曲线 s. 作用在法线 AB 上各点的张力,总共所做的功等于它们在点 A 和 B 所做的功. 但是,因为在点 A 的张力朝着曲线 q 的法线方向,而点 A 在曲线 q 上滑动,所以张力在点 A 所做的功等于 0. 作用在点 B 的张力是抵消了的,在任何一个时刻它所做的功等于 0. 最后,在所考虑的时刻,在细线 r 的还没有运动的部分 $\overset{\frown}{BD}$ 上张力所做的功也等于 0. 因此,在每一个时刻,张力所做的功都等于 0. 在我们的运动过程中,细线 r 的位能保持不变,可知细线 r 的长度也保持不变.

若 $\overset{\frown}{ABD}$ 是细线 r 起初的位置,而线段 CD 是它最后的位置,则 $\overset{\frown}{ABD}$ 的长度等于 CD 的长度,即

$$l(\overset{\frown}{ABD})=l(CD)$$

但 $$l(\overset{\frown}{ABD})=l(AB)+l(\overset{\frown}{BD})$$

或 $$l(CD)=l(AB)+l(\overset{\frown}{BD})$$

由这里可知 $$l(\overset{\frown}{BD})=l(CD)-l(AB)$$

这样我们就证明了下面的定理.

定理 4.5　若从渐伸线上的两点 A 和 C 引法线 AB 和 CD 到它们和渐屈线相切的点 B 和 D,则这两条法线线段长度的差等于它们中间所夹的一段渐屈线弧

$\overset{\frown}{BD}$ 的长度.

若对于曲面上的曲线 q 作它的所有短程法线所形成的曲线族(图 78),则这一族短程法线的包络 s 叫作曲线 q 的短程渐屈线,而曲线 q 叫作曲线 s 的短程渐伸线. 如果在上面的定理里把“法线”“渐屈线”“渐伸线”等字样理解作短程法线、短程渐屈线和短程渐伸线,那么这个定理依旧成立. 读者不难看出,在这种情形之下,可以和以前一样地去证明.

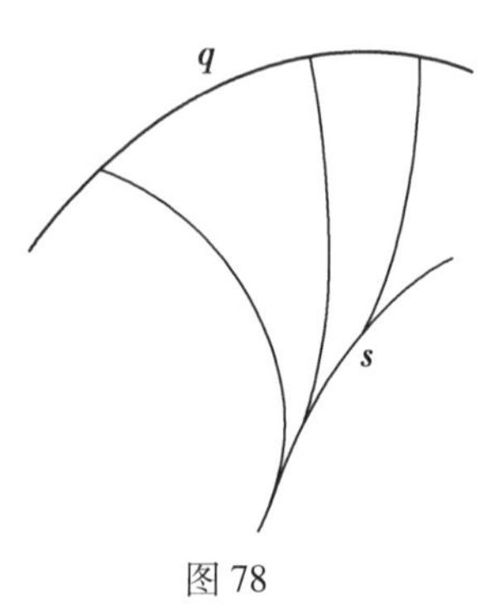

图 78

§13　弹性细线系统的平衡问题

1. 狄利克雷原理　就力学系统来说,位能极小的位置是平衡位置. 事实上,假如一个静止的力学系统从它的位能极小的位置 S 移动到别的位置,那它的位能只可能增加;由能量守恒原理,可知它的动能只可能减少. 因此,如果在位置 S,系统是处在静止状态,也就是说,动能的值等于 0,那么把这个系统移动的时候,不可能得到正值的动能,也就是说,不可能开始运动.

例 4.2　弹性细线的位能和它的长度成正比. 因此,当它的长度最小的时候,是处在平衡的状态. 我们曾经不止一次地利用了这个事实.

以下我们列举两个问题,关于寻求由几条细线所组成的系统的平衡位置(下面第二个问题对以后是重要的).

2. 关于长度的和极小的问题　在平面上给定了 n 个点 $B_1, B_2, \cdots, B_n$. 求一点 A,使得从它到给定各点的距离的和最小. 考虑 n 条弹性细线 $AB_1, AB_2, \cdots, AB_n$,它们有一个端点 A 是公共的(例如,把细线在点 A 互相联结起来),把另外一端系在点 $B_1, B_2, \cdots, B_n$. 这个细线系统的位能和各细线 $AB_1, AB_2, \cdots, AB_n$ 的长度的和成正比. 细线长度的和极小,也就是位能极小,这时系统应该处在平衡位置. 处在这样位置的时候,每一条细线都变成直线段,而这些线段长度的和又是最小的. 设 A_0 是系统处在这样的平衡状态的时候点 A 所占的位置(图 79). 作用在 A_0 的有 n 个相等的张力,作用的方向沿着 $A_0B_1, A_0B_2, \cdots, A_0B_n$. 这 n 个力互相抵消,因此,在距点 $B_1, B_2, \cdots, B_n$ 的距离的和是最小的点 A_0,沿着方向 $A_0B_1, A_0B_2, \cdots, A_0B_n$ 作用的 n 个相等的张力的合力等于 0[①].

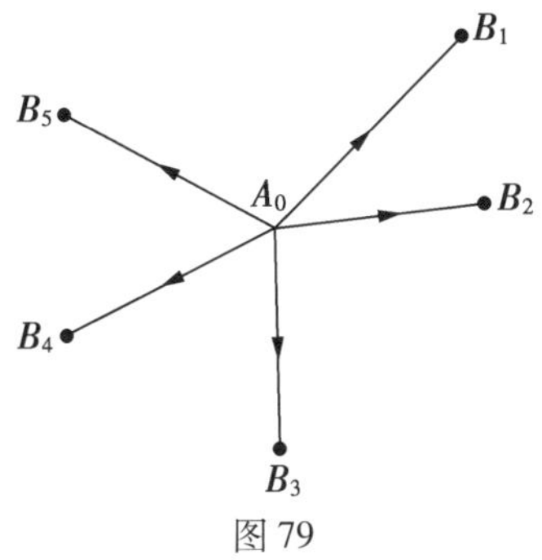

图 79

① 魏果德斯基指出,这个命题应该说得更确切些才对. 若使得长度 $AB_1, AB_2, \cdots, AB_n$ 的和最小的点 A,和 $B_1, B_2, \cdots, B_n$ 当中的任何一点不重合,那么这个命题是正确的.

例如,在三点 B_1, B_2, B_3 的情形,若 $\triangle B_1B_2B_3$ 的三个角都不大于 $120°$,则点 A 在三角形里面. 但若三个角当中有一个,比如说在顶点 B_1 的角大于或等于 $120°$,那点 A 就和这个顶点重合.

可以用机械方法来实际找出这样的点 A_0：在水平薄板上的点 $B_1, B_2, \cdots, B_n$ 钻 n 个小孔(图 80)；把 n 条绳子的一端互相联结成一点放在薄板上，另一端各穿过一个小孔伸到薄板下，并各系上质量相等的砝码. 放手让这个由绳子和砝码组成的系统自动地停止在平衡状态，这时候 n 条绳子的那个公共端点所占的位置就是所寻求的点 A_0. 事实上，在这一点作用的是 n 条绳子的相等的张力，力的作用方向朝着那些小孔 $B_1, B_2, \cdots, B_n$ (每一个张力都等于绳子下端所系砝码的质量). 这 n 个力互相抵消.

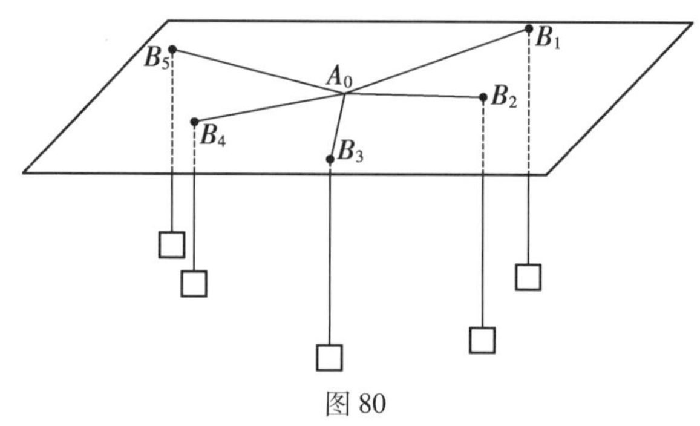

图 80

下面的问题可以归结成我们上面所说的问题：设有 n 个地点 $B_1, B_2, \cdots, B_n$，要在某点 A 建造一个仓库，并从仓库筑直线道路 $AB_1, AB_2, \cdots, AB_n$. 寻求建造仓库最有利的位置，使得道路 $AB_1, AB_2, \cdots, AB_n$ 的长度的和最小.

有时也可以把问题变得更复杂些：设由仓库 A 到 $B_1, B_2, \cdots, B_n$ 各点的货物流量分别和 $q_1, q_2, \cdots, q_n$ 成正比. 要选择点 A 的位置，使得和式

$$S = q_1 \overline{AB_1} + q_2 \overline{AB_2} + \cdots + q_n \overline{AB_n}$$

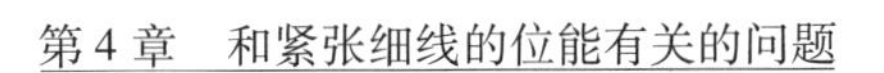

最小(也就是说,沿着道路 $AB_1, AB_2, \cdots, AB_n$ 运输货物的吨·千米总数最小).

这个问题可以和前面的问题同样来求解(前面所说的是当 $q_1 = q_2 = \cdots = q_n$ 的时候的特别情形). n 条细线 $AB_1, AB_2, \cdots, AB_n$ 有公共端点 A,另一端分别系牢在点 $B_1, B_2, \cdots, B_n$,现在要寻求这一个系统的平衡位置.但这里的细线 $AB_1, AB_2, \cdots, AB_n$ 有不同的张力,分别和数 $q_1, q_2, \cdots, q_n$ 成正比,设分别是 $q_1T, q_2T, \cdots, q_nT$. 细线 $AB_1, AB_2, \cdots, AB_n$ 的位能分别等于 $q_1T\,\overline{AB_1}$, $q_2T\,\overline{AB_2}, \cdots, q_nT\,\overline{AB_n}$. 这个系统的总位能等于

$$V = T(q_1\,\overline{AB_1} + q_2\,\overline{AB_2} + \cdots + q_n\,\overline{AB_n}) = TS \quad (4.6)$$

V 最小时候的位置,也就是说和式 S 最小时候的位置,是这个系统的平衡位置. 这时候,每一条线 $AB_i(i=1, 2, \cdots, n)$都成了直线段. 这些细线的公共点 $A = A_0$ 就在 n 个张力的作用下处在平衡状态,这 n 个张力的方向沿着线段 $A_0B_1, A_0B_2, \cdots, A_0B_n$,大小和数 $q_1, q_2, \cdots, q_n$ 成正比.

上面所说求点 A_0 的机械方法仍旧有效,但是系在穿过 $B_1, B_2, \cdots, B_n$ 各小孔的绳子末端的质量应当和数 $q_1, q_2, \cdots, q_n$ 成正比.

3. 两条细线所组成的系统的一个平衡问题　我们来看一条形状如曲线 $q = \overset{\frown}{ACB}$(图81)的柔韧而非均匀的细线,它的两个端点 A 和 B 固定,点 C 在曲线 s 上滑动,而在细线的 $\overset{\frown}{AC}$ 部分张力等于 T_1,在 $\overset{\frown}{CB}$ 部分张力

等于 T_2. 细线的位能 $V(q)$ 等于

$$V(q)=V(\overset{\frown}{AC})+V(\overset{\frown}{CB})$$

由

$$V(\overset{\frown}{AC})=T_1 l(\overset{\frown}{AC})$$

$$V(\overset{\frown}{CB})=T_2 l(\overset{\frown}{CB})$$

我们有

$$V(q)=T_1 l(\overset{\frown}{AC})+T_2 l(\overset{\frown}{CB}) \tag{4.7}$$

设细线 q 在位置 q_0 的时候有最小的位能. 由狄利克雷原理,细线在位置 q_0 的时候处在平衡状态. 设 C_0 是 q_0 和 s 的交点.

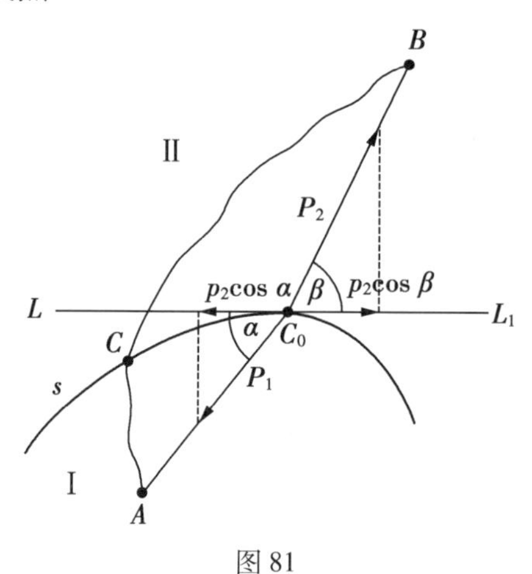

图 81

不难推出,曲线 q_0 上的部分 $\overset{\frown}{AC_0}$ 和 $\overset{\frown}{C_0B}$ 都是直线段. 现在来看在点 C_0 的平衡的条件.

作用在这一点的张力是:方向沿着 C_0A、大小等于 T_1 的力 P_1,和方向沿着 C_0B、大小等于 T_2 的力 P_2. 引曲线 s 在点 C_0 的切线 LL_1. 用下列的记号记角度

$$\begin{cases}\angle AC_0L=\alpha \\ \angle L_1C_0B=\beta\end{cases} \tag{4.8}$$

力 P_1 在切线方向的分力等于 $P_1\cos\alpha=T_1\cos\alpha$，方向沿着 C_0L；力 P_2 在切线方向的分力等于 $P_2\cos\beta=T_2\cos\beta$，方向沿着 C_0L_1. 如果这两个切线分力能相互抵消，也就是说如果

$$T_1\cos\alpha=T_2\cos\beta \tag{4.9}$$

那么点 C_0 处在平衡位置. 因此，曲线 q_0 是一条折线 AC_0B，顶点 C_0 在分界线 s 上，并在那里满足条件(4.9).

第5章 等周问题

§14 曲率和短程曲率

1. **曲率** 圆半径 R 的倒数$\frac{1}{R}$叫作圆的曲率. 这个概念可以应用紧张的细线用机械的方式来阐明.

设给定了中心是 O、半径是 R 的圆上的弧 $\overset{\frown}{AB}$. 假设这段弧是由弹性细线组成的,在它的两个端点施加了相等的张力 T_1 和 T_2,分别朝着切线的方向,如图82中画的那样.

T_1 和 T_2 的合力 T_0,方向是沿着力 T_1 和 T_2 的方向的交角的平分线,也就是说,沿着平分弧 $\overset{\frown}{AB}$ 的半径的. 如果这个弧用弧度来计算是 α 弧度,那么它的长

度等于 $R\alpha$,而它所对的弦的长度等于 $2R\sin\frac{\alpha}{2}$. 因为非常小的弧可以大致看作等于它的弦,由此就得到 $2R\sin\frac{\alpha}{2}\approx R\alpha$. 这样,对于很小的角 α 就有 $\sin\frac{\alpha}{2}\approx\frac{\alpha}{2}$,就是说,很小的角用弧度表示和它的正弦函数值大致相等.

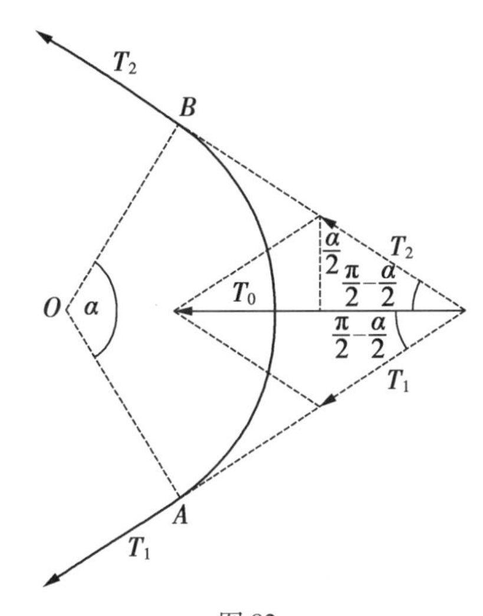

图 82

注　更精确地说,当角趋于0的时候,角和它们正弦函数值的比趋于1. 这个定理的证明可以在任何一本数学分析教程里找到,也可以在三角教科书里找到.

为了要使我们以后的推理严格化,有必要引进等价的无穷小量这个概念.

趋于0的变量叫作无穷小量.

设有一个和量 α 同时趋于0的量 β(例如,弧所对的弦的长度,和弧长同时趋于0). 若这时无穷小量 β

和 α 的比$\frac{\beta}{\alpha}$也是无穷小量，那 β 就叫作比 α 阶次高的无穷小量. 例如，α^2 是比 α 阶次高的无穷小量.

两个无穷小量 α 和 γ，假如它们的比趋于 1，即

$$\lim_{\alpha\to 0}\frac{\gamma}{\alpha}=1 \tag{5.1}$$

它们叫作等价.

例如，弧所对的弦和弧本身等价.

两个等价的无穷小量 γ 和 α 的差，是一个阶次比它们高的无穷小量. 事实上，由式(5.1)就得到

$$\lim_{\alpha\to 0}\frac{\gamma-\alpha}{\alpha}=0 \tag{5.2}$$

因此，当我们把某个无穷小量用和它等价的无穷小量来代替的时候，所产生的误差是一个阶次比较高的无穷小量. 例如，无穷小弧的长度和这个弧所对的弦的长度的差是一个阶次比较高的无穷小量. 当我们把弧和弦等量齐观的时候，所产生的误差比起这两个量来是阶次比较高的无穷小量.

表示量 α 和 γ 的等价，我们用记法：$\alpha\approx\gamma$.

等价量的例：$\sin\alpha\approx\alpha$ 对于无穷小的 α 成立(这其实是等式 $\lim\limits_{\alpha\to 0}\frac{\sin\alpha}{\alpha}=1$ 的一种写法).

用弧度来度量的 $\angle AOB$ 记作 α(图 82). 这时候力 T_1 和力 T_2 的方向所夹的角等于 $\pi-\alpha$，而它们的方向和合力 T_0 的方向所夹的角等于$\frac{\pi}{2}-\frac{\alpha}{2}$. 由图上可以看出，$T_0=2T\sin\frac{\alpha}{2}$，这里 T 是力 T_1 和 T_2 的共同的数值.

如果把弧 $\overset{\frown}{AB}$ 的长度记作 s，那它的用弧度来度量

的数值可以表示成：$\alpha=\frac{s}{R}$.

因此
$$T_0=2T\sin\frac{s}{2R}$$
如果弧 s 非常小，那么
$$\sin\frac{s}{2R}\approx\frac{s}{2R}$$
因此
$$T_0=T\frac{s}{R}$$

现在再考虑任意曲线 q 的情形. 这条曲线上包含点 A 的一段微小的弧可以看作圆弧（这个圆的半径 R 就是曲线在点 A 的曲率半径）. 设我们的曲线 q 是弹性细线，在它上面的点有张力 T 作用着. 这时在我们所考虑的弧的两端有两个张力作用，根据前面所说，合力的方向沿着曲率半径，合力的数值等于（精确地说是等价于）$T\frac{s}{R}$.

数量$\frac{1}{R}$叫作我们的曲线在点 A 的曲率. 因此，作用在微小的弧 $\overset{\frown}{AB}$ 上的力沿着主法线方向，力的大小和弧长 s、曲率$\frac{1}{R}$都成正比.

2. 短程曲率　现在我们来看曲面上曲线 q 的一段微小的弧 s（图 83），设 A 是这段弧的中点. 用$\frac{1}{R}$来记的曲线在点 A 的曲率，用 φ 来记曲线 q 在点 A 的主法线 AN 和曲面在点 A 的法线 AN_1 之间的夹角. 在点 A 对这段弧有一个力作用着，力的方向沿着曲线 q 在点 A 的主法线方向，力的大小等于 $T\frac{s}{R}$. 这个力可以分解成两个力:一个力沿着曲面的法线的方向(这个力被曲面的反作用力所抵消),另一个力和曲面相切.这第二个力要使我们的弧在曲面上滑动,它等于(或者确切些说,等价于)

$$\frac{Ts\sin\varphi}{R}\approx Ts\Gamma$$

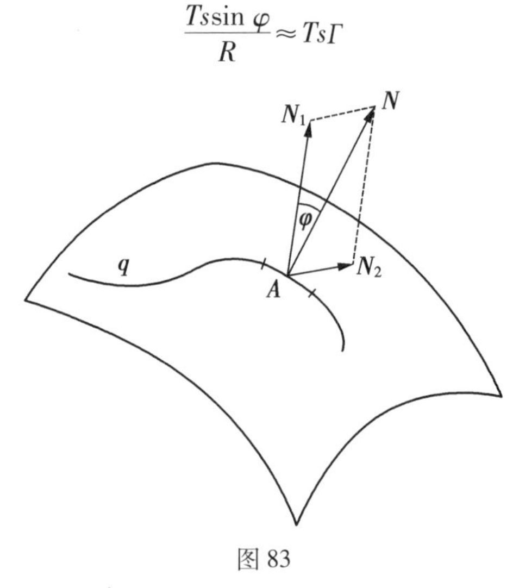

图 83

数量 $\Gamma=\frac{\sin\varphi}{R}$叫作曲线 q 在点 A 的短程曲率.它决定了在点 A 作用在紧张的细线的弧上使这段弧在曲面上滑动的力的强度;这个作用在曲线上微小弧段的力,是和弧长 s、短程曲率 Γ 都成正比的.

对于短程线来说,$\varphi=0$,所以短程曲率等于0.沿着短程线,没有任何力使曲线弧在曲面上滑动(沿着短程线绷紧的细线是处在平衡位置的).

§15　等周问题

1. 圆弧长度的变动　设已经给定半径为 R 的圆 q 以及这个圆的弧 $\overset{\smile}{AB}$. 设 $\underset{\frown}{AB}$ 是和 $\overset{\smile}{AB}$ 接近的弧①. 用 l 表示弧 $\overset{\smile}{AB}$ 的长度. 用 $l+\Delta l$ 表示弧 $\underset{\frown}{AB}$ 的长度. 如果把弧 $\overset{\smile}{AB}$ 变动,使得它变成弧 $\underset{\frown}{AB}$,那它的长度增加了 Δl,因而它的位能增加了 $T\Delta l$. 我们把 $\overset{\smile}{AB}$ 变到 $\underset{\frown}{AB}$ 是这样做的,使得它的每一点 C 沿着半径移动(图 84). 设非常微小的弧 CD($\overset{\smile}{AB}$ 的一部分)变成也是非常微小的

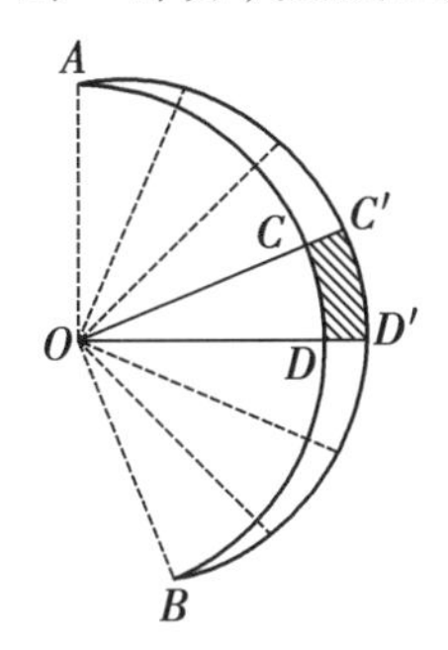

图 84

弧 $C'D'$($\underset{\frown}{AB}$ 的一部分). 这段弧的每一点移动了一段距离 CC'(由于 CD 很微小,我们把它上面各点所经历的位移大致看作是相同的). 由我们的弧以及线段 CC' 和 DD' 所包围的微小面积 $CC'D'D$ 可以大致看作矩

---

① 在谈到和圆弧接近的另外一条弧的时候,我们假设这条弧的点接近圆弧的点,这条弧的曲率接近圆弧的曲率.

形,而如果 h 是微小的弧 CD 的长度,那么面积 $CC'D'D$ 大致等于[①] $h \cdot CC'$,即

$$\text{面积 } CC'D'D \approx h \cdot CC' \tag{5.3}$$

注意,作用在弧 CD 上的力,方向沿着半径,大小等于$\dfrac{Th}{R}$,这里 R 是我们的圆半径. 把弧 CD 移动到和 $C'D'$重合所做的功等于力$\dfrac{Th}{R}$乘距离 CC',就是$\dfrac{Th}{R}CC'$,或者(见式(5.3))

$$\frac{Th}{R}CC' = \frac{T}{R}(\text{面积 } CC'D'D) \tag{5.4}$$

因此,把微小的弧 CD 移动到邻近位置 $C'D'$所需要做的功等于(精确些说,是等价于)$\dfrac{T}{R}$乘上这个弧移动的时候扫过的面积 $CC'D'D$.

把包含在弧 $\overset{\smile}{AB}$ 和 $\underset{\frown}{AB}$ 之间的面积记作 ΔF. 用从中心 O 出发的半径把这块面积分成许多小块的面积(和面积 $CC'D'D$ 类似的). 这样一来,弧$\overset{\smile}{AB}$也分成了许多很小的弧. 每一个这样的小弧 CD 在它运动的时候扫过了相应的一块面积 $CC'D'D$(包围在这个弧、弧 $C'D'$以及半径段 CC',DD'之间). 完成这样一个移动所需要做的功等于$\dfrac{T}{R}$乘上这个弧所扫过的面积. 把整个弧 $\overset{\smile}{AB}$ 移动到 $\underset{\frown}{AB}$ 位置总共所需要做的功等于上面所说那些功的总和,也就是那些小块面积的总和再乘上

① 大致相等就是等价的意思.

$\frac{T}{R}$,也就是$\frac{T}{R}\Delta F$,这里 ΔF 是弧 $\overset{\smile}{AB}$ 移动的时候所扫过的面积.

但是,所做的功等于由弧 $\overset{\smile}{AB}$ 变到弧 $\underset{\frown}{AB}$ 的时候位能的增量 ΔV,即

$$\Delta V \approx \frac{T}{R}\Delta F \tag{5.5}$$

另外,由第11节公式(4.2)得到

$$\Delta V = T\Delta l \tag{5.6}$$

这里 Δl 是长度的增量. 比较式(5.3)和式(5.4),我们得到

$$\frac{T}{R}\Delta F \approx T\Delta l$$

或者

$$\Delta l \approx \frac{1}{R}\Delta F \tag{5.7}$$

弧 $\overset{\smile}{AB}$ 的长度的增量 Δl 等于(精确些说,是等价于)曲率$\frac{1}{R}$乘上弧 $\overset{\smile}{AB}$ 和 $\underset{\frown}{AB}$ 之间所夹的面积①.

2. 任意曲线的弧的长度的变动　如果不用圆而用任意的曲线,那它的微小的弧 $\overset{\smile}{AB}$ 可以看作半径是 R 的圆弧(R 是曲率半径),如果把$\frac{1}{R}$理解作曲线在弧 $\overset{\smile}{AB}$ 上某点的曲率,那公式(5.7)仍旧有效.

对于曲面上的曲线来说,也有完全类似的关系,只要处处把曲线的曲率换作短程曲率就可以了. 这时候

---

① 用这些等式所求得的结果和实际数值的误差是比 Δl 阶次高的无穷小量.

公式(5.7)就变成

$$\Delta l = \Gamma \Delta F \tag{5.8}$$

这里 Γ 是短程曲率,Δl 是当曲线的弧变到曲面上和它邻近的弧的时候弧的长度的增量,而 ΔF 是起初的弧和变动后的弧之间所夹的面积.

在图 84 里,面积 ΔF 是在包含弧 $\overset{\frown}{AB}$ 的这个圆外面. 在图 85 里,它是在圆的里面. 在后一个情形,我们把面积 ΔF 看作是负的. 圆弧长度的增量 Δl 也是负的(弧不是增长,而是缩短了).

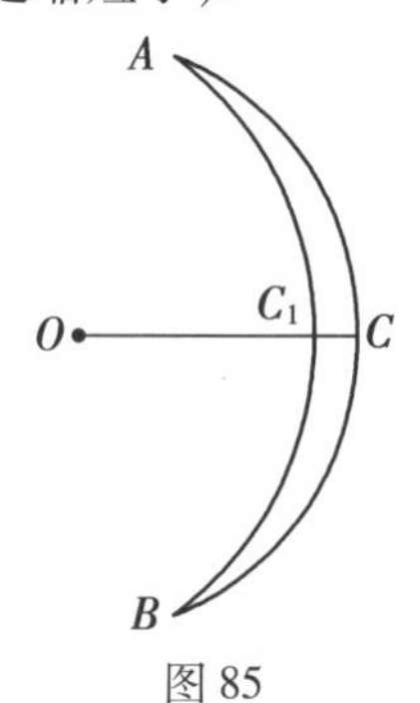

图 85

3. **等周问题**　现在来看下面一个问题. 在所包围面积等于已经给定的常数量 F 的所有闭曲线当中找出长度最短的.

我们假设这样的曲线存在. 要证明它是一个圆.

注意,常曲率的曲线(就是说,在它每一点都有同一个曲率$\frac{1}{R}$的曲线)是圆.

我们做出这个事实的证明,但不十分严格.

常曲率$\frac{1}{R}$的曲线上非常微小的弧可以看作半径是 R 的圆弧. 整个曲线可以看作由大量的这种微小的弧

所组成,而相邻的两个弧之间有部分的重叠. 有同一半径的两个微小的圆弧,如果有部分的重叠,那合并起来共同组成一个新的也有同一半径的微小圆弧. 这样,把我们这条曲线分割得出的这些微小的弧的每相邻的一对,就组成了半径是 R 的圆上的一段弧. 继续这样的推论,我们就可以相信,每 3,4,5,…个微小的弧一个接一个,也组成半径是 R 的圆上的一段弧,因此,整个曲线也组成半径是 R 的圆上的一段弧. 如果我们说的是一条常曲率$\frac{1}{R}$的闭曲线,那么这条曲线简直就是半径是 R 的圆.

设我们有一条闭曲线 q,它在所有包围给定的面积大小 F 的闭曲线当中有最短的长度. 假设它不是一个圆,就是说,它的曲率并不到处都相等.

比如,设在这条曲线的点 A 和点 B(图 86)曲率不同,并且分别等于$\frac{1}{R_1}$和$\frac{1}{R_2}$,这里

$$R_1 \neq R_2$$

图 86

为确定起见,我们假设

$$\frac{1}{R_1} < \frac{1}{R_2}$$

我们来看曲线 q 上包含点 A 和点 B 的微小的弧

$\overset{\frown}{CD}$和$\overset{\frown}{C_1D_1}$. 用一段邻近的弧$\overset{\frown}{CA'D}$来代替弧$\overset{\frown}{CD}$,用邻近的弧$\overset{\frown}{C_1B'D_1}$来代替弧$\overset{\frown}{C_1D_1}$. 用$\Delta F_1$来表示$\overset{\frown}{CD}$和$\overset{\frown}{CA'D}$所包围的面积,用$\Delta F_2$表示$\overset{\frown}{C_1D_1}$和$\overset{\frown}{C_1B'D_1}$所包围的面积. 由公式(5.7),把弧$\overset{\frown}{CD}$换作弧$\overset{\frown}{CA'D}$的时候,曲线$q$的长度得到的增量等于(确切些说,是等价于)$\frac{1}{R_1}\Delta F_1$,而把弧$\overset{\frown}{C_1D_1}$换作弧$\overset{\frown}{C_1B'D_1}$的时候,$q$的长度得到的增量是$\frac{1}{R_2}\Delta F_2$. q所包围的面积的总共增量等于$\Delta F_1+\Delta F_2$,而曲线长度的增量等于(等价于)

$$\frac{1}{R_1}\Delta F_1+\frac{1}{R_2}\Delta F_2$$

现在,我们这样地选择弧$\overset{\frown}{CA'D}$和$\overset{\frown}{C_1B'D_1}$,使得$\Delta F_1$和$\Delta F_2$的绝对值相等而符号相反,比如$\Delta F_1>0$,而$\Delta F_2-\Delta F_1<0$. 这时候面积的增量$\Delta F_1+\Delta F_2=0$,就是,当我们改变曲线$q$的时候,面积不变. 而曲线$q$的长度的增量等于(精确些说,是等价于)

$$\Delta F_1\left(\frac{1}{R_1}-\frac{1}{R_2}\right)$$

但因为

$$\frac{1}{R_1}<\frac{1}{R_2}$$

所以

$$\Delta F_1\left(\frac{1}{R_1}-\frac{1}{R_2}\right)<0$$

所以,曲线q的增量是负的. 曲线q变成了另一条长度比较短的曲线q_1,它们所包围的面积却一样大小. 可知,q并不是在所有包围给定面积大小的闭曲线当中长度最短的.

由这里就得出结论:在包围给定面积大小的所有闭曲线当中,长度最短的是圆.

4. 曲面上的等周问题　在曲面上也可以来考虑类似的问题,不过把曲率处处都用短程曲率 $\Gamma=\dfrac{\sin\varphi}{R}$ 来代替. 例如,若在有短程曲率 $\Gamma=\dfrac{\sin\varphi}{R}$ 的曲线 q 上,把微小的弧 $\overset{\frown}{CD}$ 用它邻近的弧 $\overset{\frown}{CA'D}$ 来代替,而 $\overset{\frown}{CD}$ 和 $\overset{\frown}{CA'D}$ 之间所夹的面积等于 ΔF,则把 $\overset{\frown}{CD}$ 换成 $\overset{\frown}{CA'D}$ 的时候,曲线长度的增量 Δl 可以表达作

$$\Delta l=\Delta F\,\frac{\sin\varphi}{R}=\Gamma\Delta F$$

重复前面定理的证明,但到处用短程曲率来代替曲率,我们就得到下面的定理.

在曲面上包围给定面积大小的所有闭曲线当中,常短程曲率的曲线长度最短(在球面上,这样的曲线是大圆和小圆).

注　在球面上也同在平面上一样,常短程曲率的曲线是短程圆.

在其他曲面上,常短程曲率的曲线,一般来说,并不一定是短程圆.

费马原理和它的推论

第6章

§16 费马原理

1. 费马原理 在几何光学里,和所谓费马原理有关的问题,非常接近于我们所考虑的问题.

我们来考虑一种平面的光学媒质,在它的每一点 $A(x,y)$,光速和点 A 的位置有关,就是 $v=v(x,y)=v(A)$. 如果在各点的光速都相同,那么这种光学媒质叫作均匀的.

用光的速度来走完曲线 q 所需要的时间叫作曲线 q 的光学长度.

在光速等于 v 的均匀光学媒质里,曲线 q 的光学长度和普通长度 $l(q)$ 成正比,等于

$$T(q)=\frac{1}{v}l(q)$$

费马原理　在光学媒介里，光线由点 A 到点 B 所走的途径是联结点 A 到点 B 的所有曲线当中光学长度最短的一条.

由这里就得出，在均匀的光学媒质里，光线沿直线传播.

2. **反射律**　设在均匀的光学媒介里给定了一条能够反射光线的曲线 s（曲面镜）（图87）. 要求出光线从点 A 出发、经过曲线 s 反射以后达到点 B 所走的曲线 q_0. 曲线 q_0 是所有联结由点 A 经 s 反射而达到点 B 的曲线 q 当中最短的一条. 可知这条曲线（见第5节）是折线 ACB，它的顶点 C 在曲线 s 上，而 $\angle ACB$ 的平分线 CD 是曲线 s 在点 C 的法线.

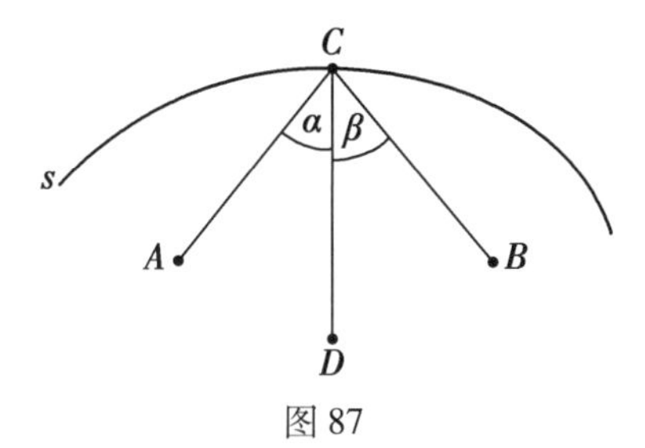

图87

光线 AC, CB 和法线 CD 的夹角 $\angle ACD=\alpha$ 和 $\angle DCB=\beta$ 分别叫作入射角和反射角. 我们就得到了笛卡儿的光线反射律：入射角等于反射角.

由第11节所说的关于椭圆和抛物线的法线性质，可以推得：

若曲线 s 的形状是椭圆，则由这个椭圆的焦点 F 发出的光，经过反射以后会聚在另一个焦点 F_1 上（图88）.

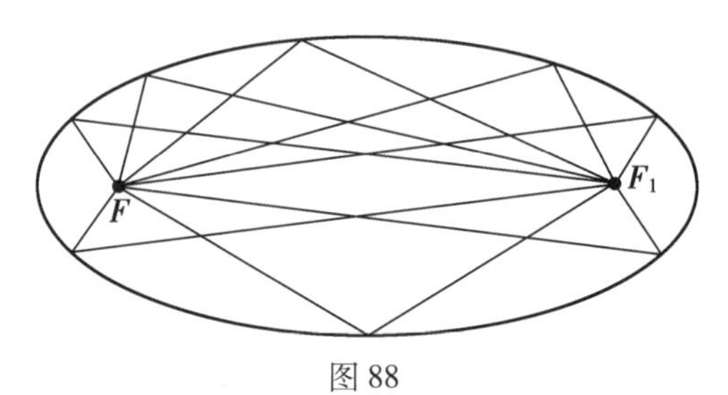

图 88

若曲线 s 的形状是抛物线，则由抛物线的焦点发出的光，经过反射以后变成和抛物线轴平行的光线；反过来，和抛物线轴平行的光线，经过反射以后会聚在抛物线的焦点上（图 89）.

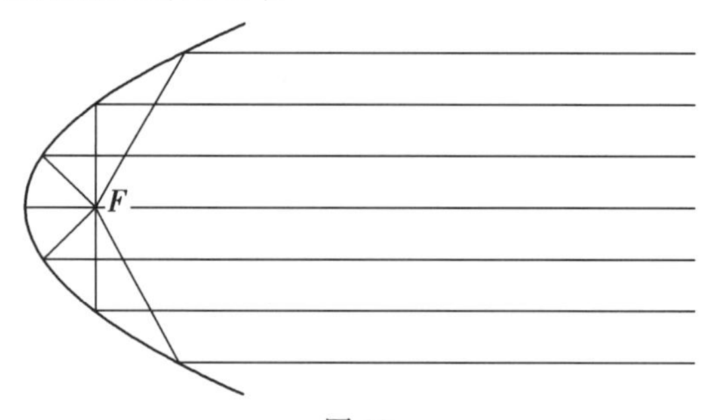

图 89

在探照灯、反射望远镜等仪器里，要求把镜面作成回转抛物面（把抛物线绕着它的轴回转所得的曲面），就是根据抛物线的这个性质.

3. **折射律**　现在我们来看由一条分界曲线 s 分开的两种均匀的光学媒介 Ⅰ 和 Ⅱ（图 81）；在媒介 Ⅰ 里光速等于 v_1，在媒介 Ⅱ 里光速等于 v_2. 求出由媒介 Ⅰ 里的点 A 到媒介 Ⅱ 里的点 B 的光线途径.

我们来考虑所有可能的联结点 A 和 B 的曲线 q，它们由在媒介 Ⅰ 里的弧 $\overset{\frown}{AC}$ 和媒介 Ⅱ 里的弧 $\overset{\frown}{CB}$ 拼成，C 是在 s 上的一点. 曲线 q 的光学长度 $T(q)$ 等于

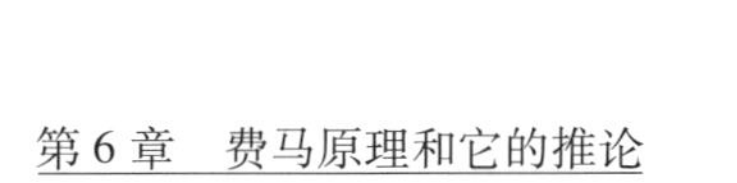

$$T(q)=T(\overset{\frown}{AC})+T(\overset{\frown}{CB})=\frac{l(\overset{\frown}{AC})}{v_1}+\frac{l(\overset{\frown}{CB})}{v_2} \quad (6.1)$$

设曲线 q_0 是在所有的曲线 q 当中有最短的光学长度的一条.

我们再考虑一条均匀的柔韧细线 q,两端系在点 A 和点 B,它的中间一点 C 在曲线 s 上滑动,而在细线 q 的 AC 部分,张力等于 $T_1=\frac{1}{v_1}$,在 CB 部分,张力等于 $T_2=\frac{1}{v_2}$.

由第 13 节的式(4.7),位能 $V(q)$等于

$$V(q)=\frac{l(\overset{\frown}{AC})}{v_1}+\frac{l(\overset{\frown}{CB})}{v_2} \quad (6.2)$$

比较(6.1)(6.2)两式,我们得到

$$T(q)=V(q)$$

细线 q 的位能和它的光学长度相等. 可知曲线 q 当中有最短光学长度的曲线 q_0,就是曲线 q 当中有最小位能的一条.

由第 13 节的式(4.9),q_0 是折线 AC_0B. 设 α 和 β 分别是线段 AC_0,C_0B 和曲线 s 在点 C_0 的切线 LL_1 的夹角. 由第 13 节的式(4.9),我们有

$$\frac{\cos\alpha}{v_1}=\frac{\cos\beta}{v_2} \quad (6.3)$$

这就是光线的折射律. 设 α_1 和 β_1 分别是角 α 和 β 的余角,也就是线段 AC_0,C_0B 和 s 在点 C_0 的法线的交角. 角 α_1 叫作入射角,角 β_1 叫作反射角. 公式(6.3)可以写成

$$\frac{\sin\alpha_1}{v_1}=\frac{\sin\beta_1}{v_2}$$

§17 折射曲线

1. **最简单的情形** 设平面被平行于 x 轴的直线分成了许多条带形，在每一条带形里，光速等于常数(图90). 在某两条带形里分别取点 A 和点 B. 设带形 M_0 包

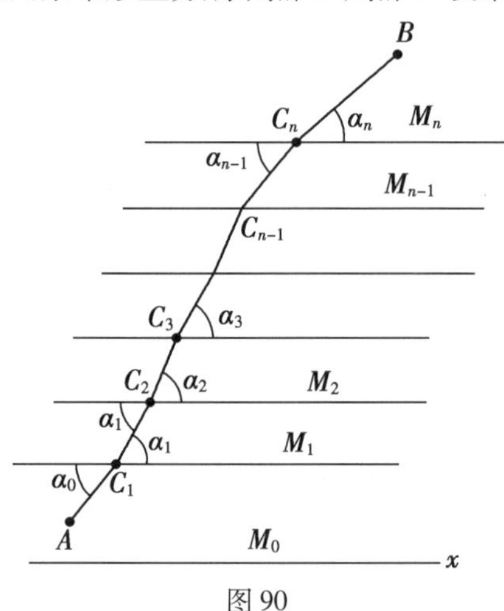

图 90

含点 A，带形 M_n 包含点 B；在这两条带形中间还依次有带形 $M_1, M_2, \cdots, M_{n-1}$. 设在带形 M_0 里光速等于 v_0，在 M_1 里等于 v_1，……在 M_n 里等于 v_n. 从点 A 到点 B 的光线，形状如折线 $AC_1C_2\cdots C_nB$，它的各顶点就在带形之间的分界线上. 这条折线的各条边 AC_1，C_1C_2，C_2C_3，$\cdots$，$C_{n-2}C_{n-1}$，$C_{n-1}C_n$，C_nB 和平行于 x 轴的直线之间的夹角，分别记作 $a_0, a_1, a_2, \cdots, a_{n-1}, a_n$. 在点 C_1 有下列的关系成立

$$\frac{\cos \alpha_0}{v_0} = \frac{\cos \alpha_1}{v_1}$$

（依照折射律）；在点 C_2 有

$$\frac{\cos\alpha_1}{v_1}=\frac{\cos\alpha_2}{v_2}$$

等等，最后，在点 C_n 有

$$\frac{\cos\alpha_{n-1}}{v_{n-1}}=\frac{\cos\alpha_n}{v_n}$$

从这里就得到

$$\frac{\cos\alpha_0}{v_0}=\frac{\cos\alpha_1}{v_1}=\frac{\cos\alpha_2}{v_2}=\cdots=\frac{\cos\alpha_{n-1}}{v_{n-1}}=\frac{\cos\alpha_n}{v_n}\tag{6.4}$$

用 c 表示这个公共比值，那上式可以写成

$$\frac{\cos\alpha}{v}=c\tag{6.5}$$

这里，α 是折线的某条边和 x 轴的夹角，v 是沿着这一条边的光速.

在折线任何一条边上某点的折线的切线，就是这条边所在的直线. 因此，等式里的 α 可以看作折线在它某点的切线和 x 轴的夹角，而 v 是在这一点的光速.

2. **折射曲线**　我们看一种光学媒质，在它里面某一点的光速随这一点的纵坐标变化

$$v=v(y)$$

这里 v 是 y 的连续函数. 在这种媒介里，光线的途径 q 是那样的曲线，沿着这种曲线有下列的关系成立

$$\frac{\cos\alpha}{v}=c\tag{6.6}$$

这里 v 是曲线 q 上任一点 C 的光速（图91），α 是 q 在点 C 的切线和 x 轴的夹角，c 是常数（和点 C 在曲线上的位置无关）.

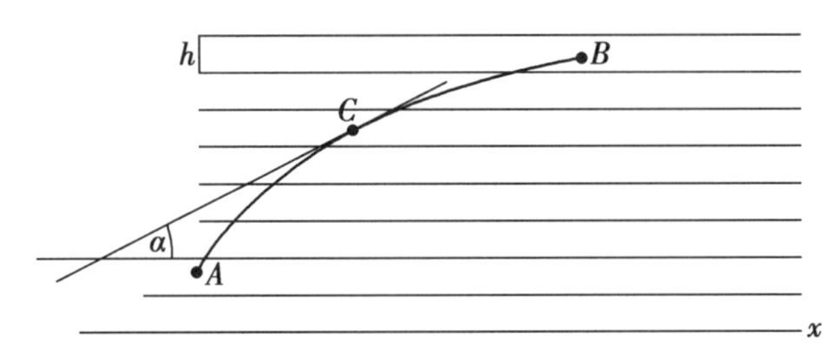

图 91

为了要建立等式(6.6),我们把光速在这个媒介里的变化情况略为变动一下,把媒介分成许多宽度是 h 的狭窄带形,把每一条带形里的光速看作常数,比如说,等于在这条带形中线上(图 91)的光速. 这样,按照前面所说的从点 A 到点 B 的光线途径是折线 $(AB)_h$,这折线的各顶点就在各条带形的分界线上,根据以前所说,折线 $(AB)_h$ 是满足式(6.6)的. 我们把光速的变化情况做了些变动,但是我们的带形取的越狭窄,那变动就越小.

当带形的宽度 h 趋于 0 的时候,那极限就是原来所说的光速连续变化的情形. 这时折线 $(AB)_h$ 趋于曲线 q,q 也会满足条件(6.6).

3. **罗巴切夫斯基几何学的庞加莱模型** 把用 x 轴作界的上半平面看作一种光学媒质,设在这种媒质里各点的光速等于点的纵坐标

$$v=y$$

在这种媒介里的光线是中心在 x 轴上的半圆(图 92).

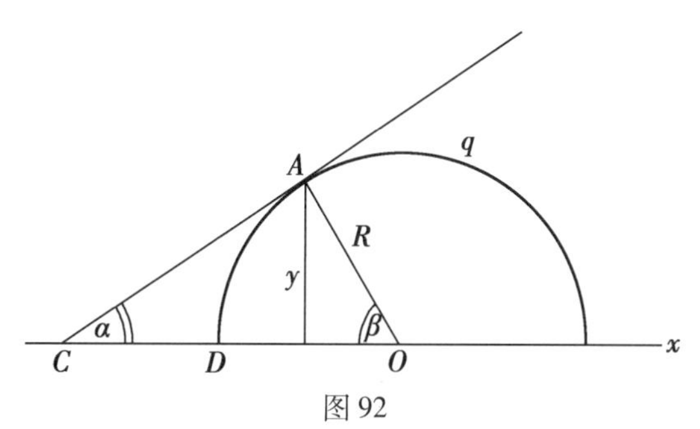

图92

我们来看这样用 x 轴上的点 O 作中心的半圆 q. 设它的点 A 的纵坐标是 y,在这一点的切线和 x 轴的交角 $\angle ACO$ 是 α,若这个圆的半径是 R,则

$$y = R\sin\beta$$

这里
$$\beta = \angle AOC = \frac{\pi}{2} - \alpha$$

或
$$y = R\cos\beta$$

也就是
$$\frac{\cos\alpha}{y} = \frac{1}{R}$$

这样,半圆 q 满足我们的式(6.6),也就是在这种媒介里光线的方程. 随着和 x 轴的接近,光速趋近于0.

可以证明,半圆 q 上,一端在 x 轴上的 AD 段有无穷大的光学长度. 因此,x 轴上的点叫作“无穷远”点.

我们把中心在 x 轴上的半圆看作“直线”,这种半圆上的弧的光学长度看作直线的“长度”,这样的直线之间的交角就是半圆在它们交点上的交角(切线间的交角).

我们就得到了一种平面几何学,在这种几何学里,普通平面几何学里的许多命题仍旧有效. 比如,通过两点可以引唯一的一条“直线”(在半平面上,通过两点

只能引一个用 x 轴上的点作中心的半圆). 在联结两点的所有曲线当中,用这两点作端点的"直线""长度"最小. 两条有公共"无穷远点"的"直线"也就是在 x 轴相切而中心在 x 轴上的两个半圆,自然会看作是"平行的". 通过不在"直线" q 上的一点 A 可以引 q 的两条平行"直线" q_1 和 q_2(图 93). 这两条"直线"把半平面分成四个用 A 作顶点的"角". 通过点 A 而在第一对对顶角 Ⅰ 和 Ⅱ 里的"直线" s_1 和"直线" q 有交点. 所有在对顶角 Ⅲ 和 Ⅳ 里的"直线" s_2 和 q 不相交.

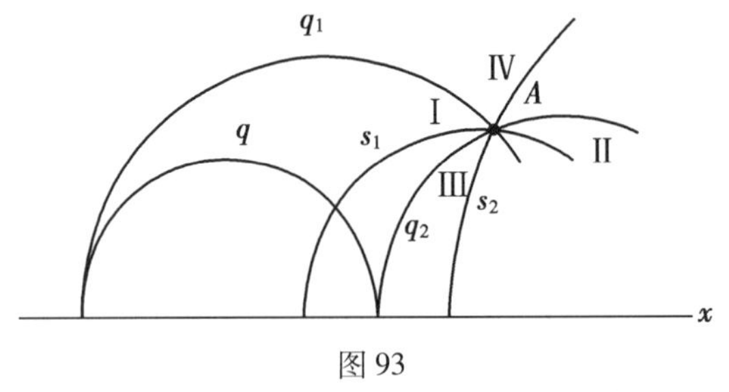

图 93

我们在平面上得到了罗巴切夫斯基几何学的一种实现,这就是所谓罗巴切夫斯基几何学的庞加莱模型.

§18 捷线问题

1. **旋轮线** 设半径是 R 的圆 K 在直线 LL_1 上滚动,这条直线我们就取作 x 轴(图 94). 圆周的运动是由两个运动组成的:(1)绕着中心 O、角速度是 ω 的转动;圆周上点的线速度因而等于 $v = R\omega$;(2)平行于轴 x 用同一个速度 v 的移动. 这时候圆周上的点 A 所描出的曲线叫作旋轮线.

设在时间 $t=0$ 时，点 A 在 x 轴上(图94). 到时间 t 的时候，圆周转了一个角度 $\beta=t\omega$. 在这个时刻，点 A 的纵坐标等于

$$y=R(1-\cos\beta)=2R\sin^2\frac{\beta}{2} \tag{6.7}$$

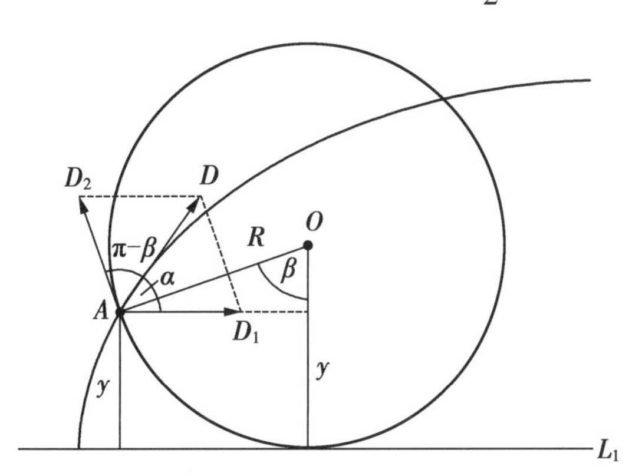

图94

我们来确定这一时刻点 A 的速度的方向. 这是旋轮线的切线方向.

移动的速度 $T_1=AD_1$ 等于 v，方向平行于 x 轴. 沿圆周运动的速度 $T_2=AD_2$ 也等于 v，方向沿着圆的切线. $\angle D_1AD_2$ 等于 $\pi-\beta$. 按平行四边形法则把这两个速度加起来就求出点 A 沿旋轮线运动的速度. 它的方向沿着 $\angle D_1AD_2$ 的平分线，和 x 轴的方向成角

$$\frac{1}{2}(\pi-\beta)=\frac{\pi}{2}-\frac{\beta}{2}$$

(图94). 这样，在点 A 的旋轮线切线和 x 轴的夹角等于

$$\alpha=\frac{\pi}{2}-\frac{\beta}{2}$$

因此
$$\cos\alpha=\sin\frac{\beta}{2} \tag{6.8}$$

由公式(6.7)和(6.8)就得出

$$\cos\alpha=\sqrt{\frac{y}{2R}}$$

或

$$\frac{\cos\alpha}{\sqrt{y}}=c \tag{6.9}$$

式(6.9)把旋轮线在点 A 的切线的倾斜角 α 和这一点的纵坐标联系起来. 反过来,满足这个式的曲线是旋轮线.

2. **捷线问题** 设 A 和 B 是两点(假定点 B 的位置比点 A 的低(图 95)). 用曲线 q 联结点 A 和 B;初速度是零点在重力作用之下沿着曲线 q 从点 A 到点 B 所用的时间叫作沿曲线 q 的降落时间.

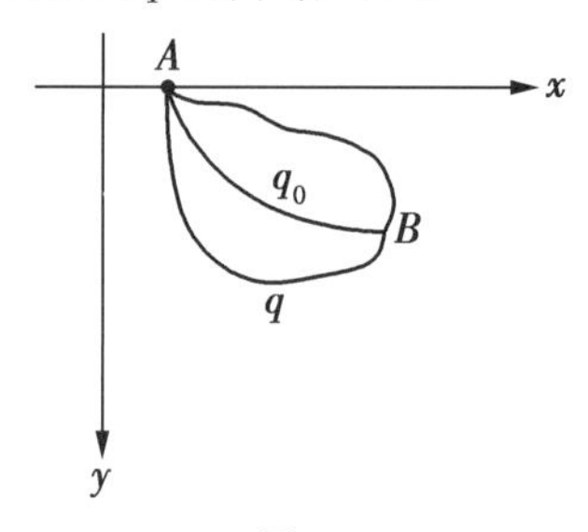

图 95

要求联结点 A 和 B 的最速降线 q(最速降线也叫捷线),就是沿着它从 A 到 B 的降落时间最短的曲线.

在包含点 A 和 B 的垂直平面上,取点 A 所在的水平直线作 x 轴,而 y 轴取向下的方向. 初速是 0、在重力作用之下运动的点,它的速度 v 和纵坐标 y 之间有下列关系

$$v^2=2gy$$

或

$$v=\sqrt{2g}\sqrt{y} \tag{6.10}$$

我们取一种光学媒介,设在它里面的光速 v 由公式(6.10)决定;曲线 q 的光学长度就和沿这条曲线的

降落时间相等. 光线从点 A 到点 B 所取的途径 q_0 是所有联结点 A 和 B 的曲线当中有最短光学长度的曲线;因此 q_0 和捷线重合.

曲线 q_0 满足等式(见第 17 节的式(6.6))

$$\frac{\cos\alpha}{v}=\frac{\cos\alpha}{\sqrt{2g}\sqrt{y}}=c\quad(c\text{ 是常数})$$

或

$$\frac{\cos\alpha}{\sqrt{y}}=c_1\quad(c_1=c\sqrt{2g})$$

根据前面所说的旋轮线的性质(见公式(6.9)),我们从这里就知道捷线是旋轮线的弧.

§19　悬链线和最小回转曲面问题

1. **悬链线**　重而均匀的链子(或不可伸长的细线)两端系在 A,B 两点,在重力的作用下处在平衡状态的时候,它所形成的曲线叫作悬链线(图 96)(链子均匀的意思是指它的密度 ρ 是常数;链子上任何长度等于 h 的一段总有质量 ρh).

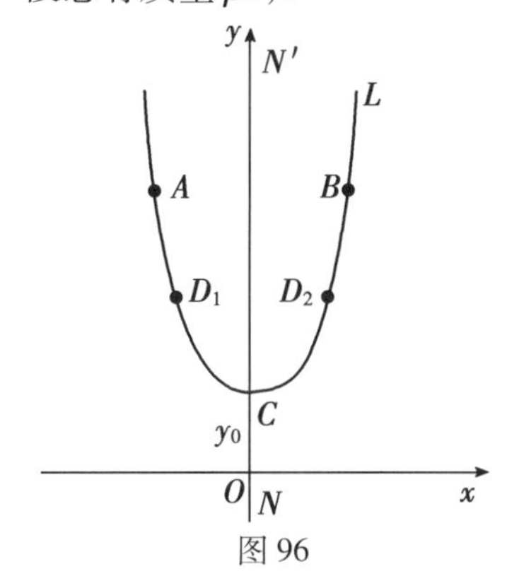

图 96

如果又把链子 $\overset{\frown}{AB}$ 在点 D_1 和 D_2 系住，那么链子 $\overset{\frown}{D_1D_2}$ 部分的平衡位置不变动. 悬链线 $\overset{\frown}{AB}$ 是悬链线 $\overset{\frown}{D_1D_2}$ 的延长. 可以把悬链线看作是在两端都无限延长出去的，而曲线 $\overset{\frown}{AB}$ 只是无限悬链线的一部分.

悬链线上处在最低位置的点 C 叫作悬链线的顶点. 无限悬链线关于通过顶点的垂直轴 NN' 是对称的. 我们把这个轴取作 y 轴.

我们来考虑悬链线右侧的一部分 $\overset{\frown}{CL}$. 用 y 表示悬链线上某点 D 的纵坐标（图 97），用 α 表示在这一点的切线和 x 轴的夹角，用 s 表示悬链线弧 $\overset{\frown}{CD}$ 的长度.

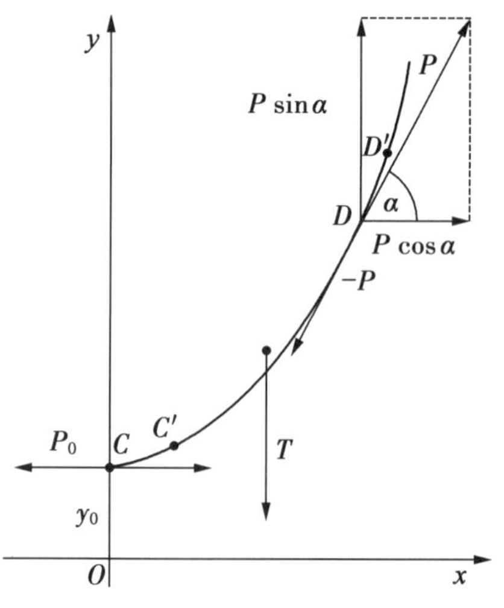

图 97

把悬链线在点 C 和 D 固定. 作用在点 D 的力 P 叫作链子在点 D 的张力，它的方向沿着悬链线在点 D 的切线（图 97）. 作用在点 C 的力 P_0 的方向沿着悬链线在

这一点的切线,就是说,平行于 x 轴(方向是朝左的).

作用在链子的 $\overset{\frown}{CD}$ 一段上的重力的合力 T,方向平行于 y 轴而向下;长度是 s 的 $\overset{\frown}{CD}$ 段的质量等于 ρs. 从这里就知道 T 的值等于

$$T = g\rho s \tag{6.11}$$

这里 g 是重力常数. 力 P 的垂直方向分力朝着上方,并等于 $P\sin\alpha$,而它的水平方向分力朝着右方,并等于 $P\cos\alpha$.

若把悬链线硬化,且它仍旧处在平衡状态. 作用在悬链线的两个水平力 P_0 和 $P\cos\alpha$,垂直力 T 和 $P\sin\alpha$,方向各个相反,并且互相抵消,从这里,根据式(6.11)就得到

$$P\sin\alpha = g\rho s \tag{6.12}$$

$$P\cos\alpha = P_0 \tag{6.13}$$

现在,让链子沿着悬链线移动,使得链子的每个点描出了一段长 h 的微小的弧. 这样,链子移到了位置 $C'D'$. 求把链子作这样移动所需要做的功.

加在点 D 的力 P 所做的功等于 Ph;力 P_0 在点 C 所做的功等于 $-P_0h$. 因此,移动链子的时候总共所做的功等于

$$R = (P - P_0)h \tag{6.14}$$

在原来的位置 $\overset{\frown}{CD}$,链子由 $\overset{\frown}{C'D}$ 段再加上一小段 $\overset{\frown}{CC'}$ 组成. 在移动后的位置 $\overset{\frown}{C'D'}$,链子由同一段 $\overset{\frown}{C'D}$ 再加上一小段 $\overset{\frown}{DD'}$ 组成. 两个加上去的小段 $\overset{\frown}{CC'}$ 和 $\overset{\frown}{DD'}$ 有相等的长度 h,相等的质量 ρh,但 $\overset{\frown}{CC'}$ 的纵坐标是 y_0,而

$\overset{\frown}{DD'}$的纵坐标是 y. 做功的结果就是原来加上的纵坐标是 y_0 的一段,换成了同样质量但是纵坐标是 y 的一段. 由这里就看出,所做的功等于

$$R = g\rho h(y - y_0) \tag{6.15}$$

由式(6.14)和(6.15)得出

$$P - P_0 = g\rho(y - y_0)$$

或

$$P - g\rho y = P_0 - g\rho y_0 \tag{6.16}$$

如果把链子和它自己平行地沿着 y 轴的方向运动,那它的形状以及在各点的反作用力 P 都不变. 我们把悬链线沿着 y 轴的方向这样移动,使得它的原来纵坐标 y_0 等于

$$y_0 = \frac{1}{g\rho}P_0 \tag{6.17}$$

悬链线这样的位置叫作标准位置. 下面我们还要做出悬链线标准位置的几何定义.

在这个位置,式(6.16)化简成

$$P - g\rho y = 0$$

或

$$y = \frac{1}{g\rho}P \tag{6.18}$$

处在标准位置的悬链线上各点的张力和点的纵坐标成正比.

由式(6.13)推出

$$\frac{1}{g\rho}P\cos\alpha = \frac{1}{g\rho}P_0$$

或者,用等式(6.17)和(6.18),就有

$$y\cos\alpha = y_0 \tag{6.19}$$

式(6.19)把悬链线上点的纵坐标和悬链线在这一点的切线和 x 轴的交角联系了起来.

比较式(6.19)和折射曲线方程(见第17节的式(6.6)),我们得到:

处在标准位置的悬链线正是在光速的纵坐标成反比($v=\frac{c}{y}$)的媒介里所走的路径.

2. 悬链线标准位置的几何定义　由等式(6.12)和(6.18)得到

$$\frac{1}{g\rho}P\sin\alpha=s$$

并且

$$s=y\sin\alpha$$

由这里就得到

$$y-s=y(1-\sin\alpha)$$

最后,由式(6.19)我们得到

$$y-s=y_0\frac{1-\sin\alpha}{\cos\alpha}$$

用 $\beta=\frac{\pi}{2}-\alpha$ 来记悬链线切线和 y 轴的夹角. 我们得到

$$\begin{aligned}y-s&=y_0\frac{1-\cos\beta}{\sin\beta}\\&=y_0\frac{2\sin^2\frac{\beta}{2}}{2\sin\frac{\beta}{2}\cdot\cos\frac{\beta}{2}}=y_0\tan\frac{\beta}{2}\end{aligned}\tag{6.20}$$

我们来看线段 DE,它和 y 轴平行,朝着下方,长度等于悬链线 $\overset{\frown}{CD}$ 的弧长 S(图98). 若把弧 $\overset{\frown}{CD}$ 仍旧系牢在点 D,让点 C 自由,那弧 $\overset{\frown}{CD}$ 在重力作用下会达到新的平衡位置——垂直的线段 DE. 简单一些说:链子的

弧 $\overset{\frown}{CD}$“落”到了位置 DE. 垂直线段 EE_1，长度等于 $y-s$，指示链子的“落下”部分的端点 E 距 x 轴有多远.

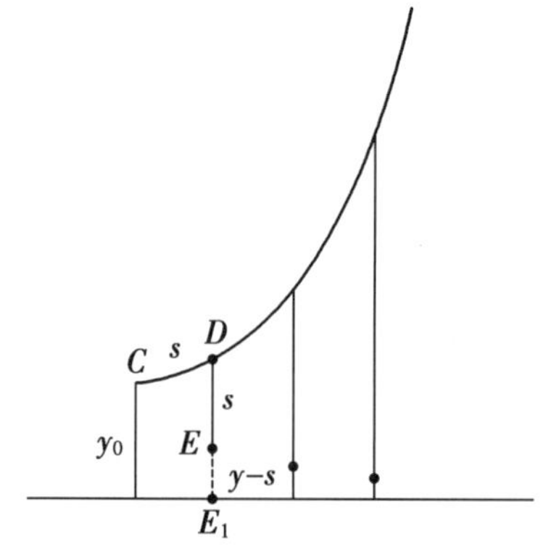

图 98

由公式(6.19)得到

$$\sin\beta=\cos\alpha=\frac{y_0}{y} \tag{6.21}$$

设点 D 沿着悬链线无限制地向上跑，它的纵坐标趋于无穷大

$$y\to\infty$$

由式(6.21)，这时 $\sin\beta$ 趋于 0，于是 $\beta\to 0$(在点 D 的切线和 y 轴的夹角趋于 0). 同时，$\tan\frac{\beta}{2}\to 0$，因此由式(6.20)，有

$$\lim_{y\to\infty}(y-s)=0$$

当弧 $\overset{\frown}{CD}$ 的端点 D 无限远离的时候，从落下的弧 $\overset{\frown}{CD}$ 的端点 E 到 x 轴的距离趋于 0.

若悬链线处在标准位置，则 x 轴就是那当落下的弧 DE 的起点 D 无限远离的时候末端 E 所无限接近的

一条水平直线.

这就表达出了悬链线标准位置的特征.

3. 最小回转曲面　求解下面的问题：

在所有联结给定的两点 A,B 的平面曲线 q 当中，找出那把它绕 x 轴回转所得的回转曲面侧面积最小的曲线（图 99）.

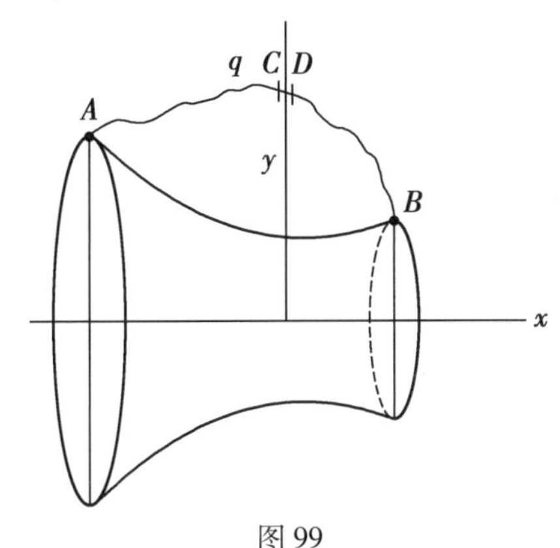

图 99

用 $V(q)$ 表示把曲线 q 绕 x 轴回转所得的回转曲面的侧面积，用 $T(q)$ 表示在光速由公式

$$v=\frac{1}{2\pi y} \tag{6.22}$$

来决定的媒介里曲线 q 的光学长度.

我们来证明这两个量的相等

$$V(q)=T(q)$$

设 $\overset{\frown}{CD}$ 是曲线 q 上长度是 h 的一段微小的弧. 先证明

$$V(\overset{\frown}{CD})=T(\overset{\frown}{CD}) \tag{6.23}$$

把 $\overset{\frown}{CD}$ 看作微小的直线段，并用 y 来记 $\overset{\frown}{CD}$ 的重心

的纵坐标,我们得到:回转曲面侧面积 $V(\overset{\frown}{CD})$ 等于一个截头圆锥的侧面积,这个截头圆锥的母线长 h,中腰截面半径等于 y. 由这里就得到

$$V(\overset{\frown}{CD})=2\pi yh$$

另外,如果光速 v 在这个微小线段的中点等于(因此,在整个线段都大致等于)$\frac{1}{2\pi y}$,那么这个微小线段的光学长度 $T(\overset{\frown}{CD})$ 等于

$$T(\overset{\frown}{CD})=\frac{h}{\frac{1}{2\pi y}}=2\pi yh$$

就是说,我们得到了等式(6.23).

光学长度 T 和回转曲面侧面积 V 的相等关系既然对于曲线 q 的微小线段已经建立起来了,那就可以推出这个相等关系对于整个曲线 q 也成立. 因此,如果对于某条曲线 q,$V(q)$ 达到最小值,那么对于同一条曲线,光学长度 $T(q)$ 也达到最小值. 按费马原理,曲线 q 是在我们的光学媒介里联结点 A 和 B 的光线的路径. 而在我们这光学媒介里,光线路径的形状是悬链线(处在标准位置).

所以,在所有联结点 A 和 B 的曲线 q 当中,悬链线 $\overset{\frown}{AB}$(处在标准位置)是绕着 x 轴回转所得的回转曲面侧面积 $V(q)$ 最小的一条.

4. **极小曲面** 和我们所解决的关于联结给定的两点的最短线的问题相仿,可以提出关于绷紧在给定的

曲线上(就是用给定的曲线作它的边界)的最小曲面问题,这样的曲面就是所谓极小曲面.

如果曲线 r 是平面曲线,那它所包围的一块平面 Q 就是绷紧在曲线 r 上的极小曲面.

如果曲线 r 不是平面曲线,那极小曲面就不会是平面的一部分.

把点 A 和 B 绕着 x 轴转,产生了两个圆 r_1 和 r_2,这两个圆是在和这轴垂直的平面里,圆心就在轴上. 由联结这两点的悬链线 $\overset{\frown}{AB}$ 回转所得的回转曲面是绷紧在圆 r_1 和 r_2 上的极小曲面.

5. 关于最小回转曲面的等周问题　我们来解一个更复杂的问题:在所有长度一定(等于 l)的联结点 A 和 B 的曲线当中,找出一条绕着轴回转所得的回转曲面侧面积最小的. 我们把回转轴 LL_1 看作是水平的(图100).

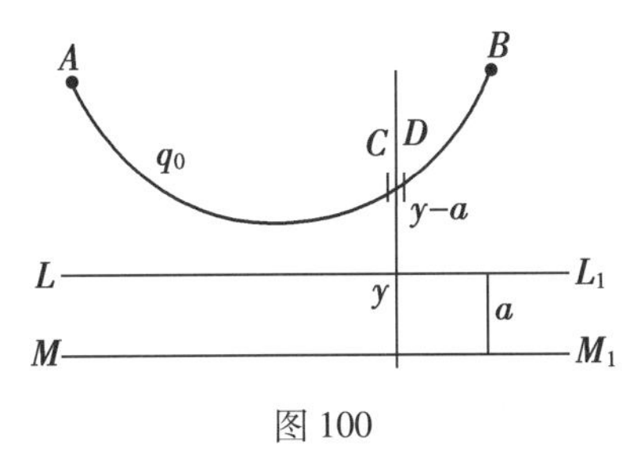

图100

用长度等于给定的长度 l_0 的链子联结点 A 和 B. 它就会取一条悬链线 $\overset{\frown}{AB}$ 的形状,长度等于 l_0. 选取水平直线 MM_1(平行于回转轴 LL_1)作 x 轴,使得悬链线 $\overset{\frown}{AB}$ 对这条轴来说是处在标准位置的.

用 $V_1(q)$ 记曲线 q 绕 x 轴（轴 MM_1）回转所产生的侧面积，用 $V(q)$ 表示曲线 q 绕轴 LL_1 所得的侧面积；$l(q)$ 表示曲线 q 的长度. 若 α 是轴 LL_1 和轴 MM_1 之间的距离，则有

$$V(q)=V_1(q)-2\pi al(q) \tag{6.24}$$

事实上，设 $\overset{\frown}{CD}$ 是曲线 q 上长度是 h 的一段微小的弧. 若 y 是 $\overset{\frown}{CD}$ 的中点到轴 MM_1 的距离，那么 $(y-a)$ 是这个中点到轴 LL_1 的距离. 长度 $l(\overset{\frown}{CD})=h$. 并且

$$V_1(\overset{\frown}{CD})=2\pi hy, V(\overset{\frown}{CD})=2\pi h(y-a)$$

因为

$$2\pi h(y-a)=2\pi hy-2\pi ah$$

所以

$$V(\overset{\frown}{CD})=V_1(\overset{\frown}{CD})-2\pi al(\overset{\frown}{CD}) \tag{6.25}$$

所以，公式(6.24)对于曲线 q 上任何一段微小的弧来说是真确的. 可知它对于整个曲线 q 也是真确的.

我们所要讨论的是长度是 l_0 而联结点 A 和 B 的曲线 $\bar{q}$. 对于这些曲线来说

$$V(\bar{q})=V_1(\bar{q})-2\pi l_0 a$$

也就是，对于它们来说，$V(\bar{q})$ 和 $V_1(\bar{q})$ 的值相差一个常数 $2\pi l_0 a$. 因此，这两个数量在同一条曲线 q_0 上达到它们的极小值. 在所有联结点 A 和 B 的曲线当中，在这里特别指长度等于 l_0 的曲线 q_0 当中，对 x 轴来说处在标准位置的悬链线 q_0 的 $V_1(q)$ 值最小，也就是绕着 x 轴回转而得的侧面积最小.

因此,在所有联结点 A 和 B、长度等于 l_0 的曲线 $\overline{q}$ 当中,仍旧是悬链线给出 $V(\overline{q})$ 的极小值.

悬链线的这个性质可以用另外的方式证明.

考虑联结点 A 和 B 并且有某给定长度的所有曲线 $\overline{q}$ 所形成的总体. 每一条这样的曲线可以看作一条密度是 ρ 的均匀重链的某个位置. 重链在位置 $\overline{q}$ 的位能我们记作 $U(\overline{q})$. 当 $\overline{q}=q_0$ 是悬链线的时候,$U(\overline{q})$ 达到极小值.

事实上,由狄利克雷原理(见第13节),使 $U(\overline{q})$ 达到最小值的曲线 q_0 是链子平衡时候的位置.

取水平直线 MM_1 作 x 轴,并假设密度 ρ 等于 2π. 把这条直线取作 $U=0$ 的直线. 若链子上长 h 的微小的弧 $\breve{CD}$ 的中点的纵坐标是 y(图100),则有

$$U(\breve{CD})=\rho hy=2\pi hy$$

同时,这一段微小的弧 $\breve{CD}$ 绕着轴 MM_1(x 轴)回转所得的回转曲面侧面积 $V(\breve{CD})$ 等于

$$V(\breve{CD})=2\pi hy$$

由这里就推出

$$U(\breve{CD})=V(\breve{CD})$$

于是,我们可以得到等式

$$U(q)=V(q)$$

事实上,由已经证明的对于曲线 q 上任意的微小

部分,数量 U 和 V 的相等,就立刻推出,对于整个曲线 q 来说,这两个量也是相等的. 既然在所有联结点 A 和 B 的有给定的长度 l 的曲线 $\bar{q}$ 当中,悬链线的 $U(\bar{q})$ 有极小值,因此,它也是在这些曲线当中 $V(\bar{q})$ 有极小值的曲线.

随着曲线变动的数量叫作泛函数. 例如数量$l(q)$, $V(q)$, $T(q)$, $U(q)$等都是泛函数.

雅各·伯努利第一个考虑了这样的问题:

在有给定长度的所有曲线当中,找出使得某个泛函数 $J(q)$达到极大值或极小值的曲线. 他把这一类问题叫作等周问题. 在第 15 节所考虑的是这个问题的一个特例,有时也叫作狭义等周问题. 我们现在所考虑的是等周问题的另一例.

§20　力学和光学之间的关联

考虑在某个平面场(有力作用的媒介)里点的运动,设在这个场里力学上的能量守恒定律成立

$$U+T=c \tag{6.26}$$

这里 $U=U(x,y)$是动点的位能,T 是它的动能,c 是总能量(在运动的每一时刻都保持不变). 设点的质量等于 1,那我们就有

$$T=\frac{w^2}{2}$$

这里 w 是点的速度. 由这里以及由式(6.26)就推出

$$w=\sqrt{2T}=\sqrt{2(c-U)}=\sqrt{2(c-U(x,y))} \tag{6.27}$$

我们考虑所有可能的轨道,就是在给定总能量 c 不变的情况下点所描出的路径. 由公式(6.27)可以看出,动点的速度 w 完全由动点的坐标 x,y 所决定,也就是说,由动点所在的位置来决定.

例如,对于在重力场里的运动来说,$U=gy$,这里 g 是重力常数,y 是方向朝下的纵坐标,由公式(6.27)就得到

$$w=\sqrt{2(c-gy)}=\sqrt{c_1-c_2y}\quad(c_1=2c,c_2=2g) \tag{6.28}$$

我们又考虑某一种光学媒介,设在这种媒质里光速 v 等于力学速度 w 的倒数

$$v=v(x,y)=\frac{1}{w(x,y)} \tag{6.29}$$

在光速是 $v=\frac{1}{w}$ 的媒介里,光线和速度是 $w=w(x,y)$ 的点作力学运动的时候所描出的轨道是一样的.

这就是哈密尔顿所建立的光学和力学间的类似性.

例如,我们知道在速度由公式(6.28)表示的重力场里,点的运动轨道是抛物线;因此,在光速是 $v=\frac{1}{\sqrt{c_1-c_2y}}$ 的媒介里,光线走的路径也是抛物线.

我们知道,在光速和 $y,\frac{1}{y},\sqrt{y}$ 成正比的媒介里,光线走的路径分别是中心在 x 轴上的半圆、悬链线、旋轮线. 这些曲线也就是速度分别和 $\frac{1}{y},y,\frac{1}{\sqrt{y}}$ 成正比的点作力学运动的时候所描出的轨道.

为了要证明上面所说的命题,首先注意在一个场里,力是朝着等位线的法线的方向作用的(等位线就是位能等于常数的曲线

$$U(x,y)=\text{常数})$$

它的方向朝着这种线的位能比较小的一侧(由公式(6.27),在等位线上,速度 $w=w(x,y)$ 也是常数). 引一系互相接近的等位线. 在每一条这样的等位线上速度 w 等于常数,而在两条相邻等位线之间的带形里,速度连续地变动. 在图 101 里,用 $w_1, w_2, \cdots, w_i, w_{i+1}, \cdots$ 来标出这些曲线,在这些曲线上面,速度分别等于 $w_1, w_2, \cdots, w_i, w_{i+1}\cdots$.

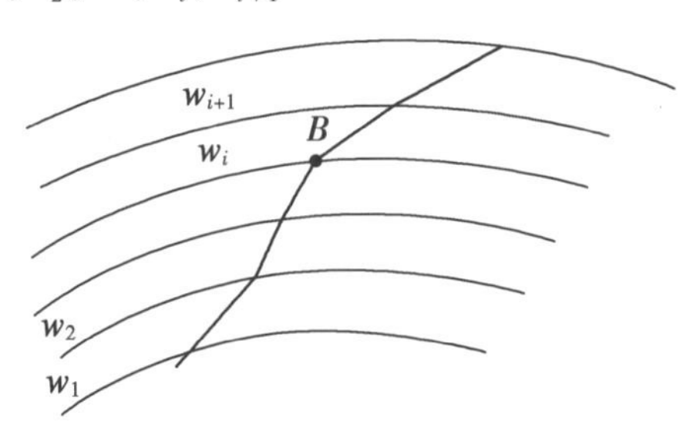

图 101

现在用另一个运动来代替我们原来的. 设在标记着 w_1 和 w_{i+1} 的两条曲线间的带形里保持速度 w_i 不变,而在穿过标记着 w_{i+1} 的曲线的时候,速度有一个跳跃性的变动. 我们把原来的速度变化情况变动了一下.

但是,如果每相邻两条分界线距离越近(带形越窄),速度跳跃的间距越小,那么速度跳跃性的变化和原来的连续变化情况越接近;原来的速度变化情况就可以看作当带形的宽度趋于0的时候跳跃性变化情况的极限.

对于速度的跳跃性变化情况来说,作用力(垂直于曲线 $w=$ 常数的)并不是连续的,而是沿着分界线的法线方向的冲力,产生速度的跳跃.

在每条带形里面却没有力作用,运动是直线的. 因此运动的轨道是折线,顶点在各分界线上. 现在我们考虑这样的折线轨道上的一段 CBD(图102). 在线段 CB 上速度等于 w_{i-1},方向沿着这个线段.

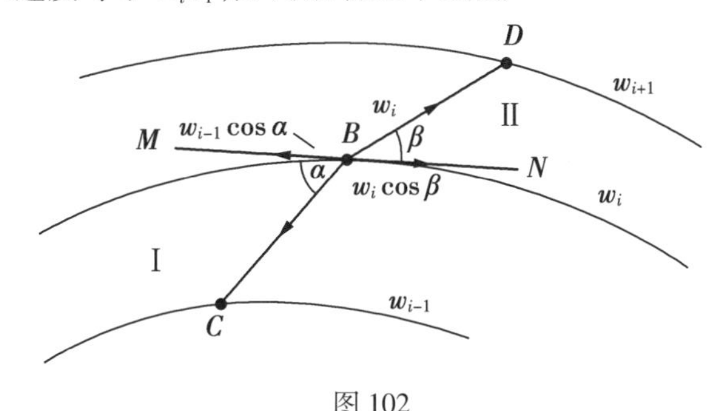

图102

在点 B 引分界线的切线 MN,用 α 和 β 来记线段 CB,BD 和这条切线的交角. 在点 B 的切线方向分速度,在转折以前的和以后的,分别等于 $w_{i-1}\cos\alpha$ 和 $w_i\cos\beta$. 既然冲力的方向是沿着分界线在点 B 的法线的,所以它不改变切线方向的分速度

$$w_{i-1}\cos\alpha=w_i\cos\beta \tag{6.30}$$

公式(6.30)表达出轨道穿过分界线时候的转折规律.

现在考虑某一种光学媒介,在这里面光速等于力

学运动速度的倒数 $v=\frac{1}{w}$，就是说，在我们相邻的带形Ⅰ和Ⅱ里，光速分别等于 $v_{i-1}=\frac{1}{w_{i-1}}$，$v_i=\frac{1}{w_i}$. 由光线的折射律，在点 B 有

$$\frac{\cos\alpha}{v_{i-1}}=\frac{\cos\beta}{v_i}$$

或

$$w_{i-1}\cos\alpha=w_i\cos\beta$$

所以，在我们这种光学媒介里，光线的转折就同力学轨道的转折一样；光线走的路径和力学运动的轨道都是折线，同时并且同样地转折，就是说，在第 i 条带形里有速度 w_i 的运动轨道和在同一条带形里有光速 $v_i=\frac{1}{w_i}$的光线走的路径完全重合. 对于速度跳跃性变化的媒介，我们的命题就证明了.

在极限情形，当带形的宽度趋于 0 的时候，当我们得到了速度是 $w=w(x,y)$ 的力学场和光速是 $v=v(x,y)=\frac{1}{w(x,y)}$的光学媒介的时候，互相重合的折线运动轨道和光线路径也过渡到互相重合的曲线运动轨道和光线路径.

哈密尔顿所指出的光学和力学之间的关联在近代物理学里起着极其重要的作用.

最后我们指出，解决寻求泛函数极大极小问题的一般方法是一门叫作变分学的数学学科所讨论的对象. 这门数学学科的基础是 18 世纪的大数学家欧拉和拉格朗日所奠定的.

编辑手记

最近几十年,由于俄罗斯经济的原因,许多西方人甚至包括国人在内对俄罗斯都有一种优越感.轻视他们对世界的影响.

比尔·盖茨很喜爱美国作家埃默·托尔斯写的小说《莫斯科绅士》,小说的主要场景是莫斯科的大都会酒店.一天,在酒店的酒吧里.一个德国人对一个英国人说:“俄国人对西方所做的唯一贡献就是发明了伏特加,如果这个酒吧里有谁能再说出三个贡献来,我就白送他一瓶伏特加.”罗斯托夫伯爵接受挑战,他也有一个条件,“我每说出一个贡献,我们三个人都得干一杯伏特加”.伯爵说:“契诃夫和托尔斯泰,还能谁对短篇小说技巧的把握比契诃夫和托尔斯泰高超?你能想出一部比《战争与和平》更宏伟壮阔的著作吗?从客厅写到战场,再从战场写回客厅?"俄罗斯人对西方所做的第二个贡献是柴可夫斯基的"《胡桃夹子》第一幕第一场". 伯爵说,俄罗斯人对西方所做的第三个贡献是鱼子酱.

近期我们数学工作室会有些大动作、系列原版影印、翻译、编译一大批俄罗斯数学精品,敬请期待!

本书由越民义先生根据俄罗斯的数学书编译而成,原书作者为柳斯捷尔尼克(Lusternik Lazar' Aronovič,1899—1981),苏联人. 1899 年 12 月 31 日生于波兰的兹都尼斯克. 1922 年毕业于莫斯科大学. 从 1931 年起一直在莫斯科大学工作. 1935 年获得数学物理学博士学位,并成为教授. 1946 年成为苏联科学院通讯院士. 1981 年 7 月 23 日在莫斯科逝世.

柳斯捷尔尼克在数学的许多领域都有贡献,尤其是在拓扑学方面. 他将拓扑方法成功地运用于变分法、微分几何与泛函分析,他还力图将现代集合论方法与经典的数学方法统一起来.

在变分法方面. 1924 年柳斯捷尔尼克用有限差分法解决了狄利克雷问题. 1935 年,他与拉夫伦捷夫共同发表了《变分法基础》一书. 1943 年至 1946 年间,他又获得了变分法的一些一般性的结果. 1950 年,他又与拉夫伦捷夫共同发表了《变分法讲义》,作为大学的教材. 1956 年,他还写了变分法的通俗读物《最短路线问题》.

在微分几何方面. 1929 年,柳斯捷尔尼克与施尼列里曼首次解决了著名的关于闭测地线的庞加莱问题. 这个问题的一般形式是庞加莱提出的,许多数学

家，如布劳威尔、伯克霍夫、乌雷松等都曾对此作过有成效的努力，但还是柳斯捷尔尼克的工作最受人们的赞扬.

在泛函分析方面. 柳斯捷尔尼克做了许多奠基性的工作，从1936年起，他就在《数学科学成就》上，不断地发表泛函分析方面的论文. 1951年，他与索伯列夫共同发表了著作《泛函分析初步》. 他的这些工作，对苏联年轻数学家影响很大，所以公认他是苏联泛函分析学派的开创者之一. 另外，他的著作也译成了中文，对中国大学生学习泛函分析也产生过良好的影响.

柳斯捷尔尼克在20世纪30年代，还研究过线性与非线性微分方程的特征问题.

从1942年起，柳斯捷尔尼克开始从事计算数学与计算机的研究. 多年间，他一直主持着苏联国家大型计算中心的一些工作.

他参与编写了许多大学教材和参考书，在数学的教育与普及工作中也做出了贡献. 从1936年创刊开始，他一直是《数学科学成就》杂志的编委之一.

柳斯捷尔尼克从学生时期起，就积极参加各种数学团体的活动. 在莫斯科大学的许多鲁金的学生中，柳斯捷尔尼克成为以叶果洛夫、鲁金为代表的莫斯科数学学派的骨干之一. 他与他的同事们组成了当时 年轻的莫斯科拓扑学派.

1946年，柳斯捷尔尼克荣获苏联国家奖，他还先后获得过列宁勋章、劳动红旗勋章和荣誉勋章.

再介绍一下编译者越民义先生.

中国科学院数学与系统科学研究院应用数学研究所研究员韩继业，北京工业大学数理学院教授徐大川两位先生在《数学文化》(2016 年第 7 卷第 1 期)上详细介绍了越民义先生的生平，是目前国内见到最好的传记，摘录如下：

他中学时代学习十分勤奋，特别对数学产生了浓厚的兴趣，高中阶段，对于代数几乎到了入迷的程度，并学习了初等微积分. 这时他整日生活在数学的天地中，数学成绩突飞猛进. 1940 年，他上高中三年级时，提前考取了浙江大学数学系.

浙江大学的前身是清光绪二十三年(1897 年)设立的求是中西学院，是我国最早创办的新式学院之一，1928 年改称为国立浙江大学. 1937 年 8·13 淞沪会战打响，11 月日军在杭州湾北岸的金山卫登陆，严重威胁到杭州的安全，浙大被迫内迁. 当时校长竺可桢教授对于迁校的观念是：浙大不搬迁到武汉、重庆或长沙之类的大城市，以避免形成大学过度集中在少数城市的局面，而要迁到没有大学的小城镇，以利于学校的迁移办学与我国内地的发展相结合. 浙大初迁至浙江省建德市，1937 年底杭州沦陷，浙大不得不再迁至江西吉安县、泰和县，在该地上课半年. 期间，曾帮助江西省设计修筑了赣江防洪大堤(至今仍称“浙大防洪堤”)，创办澄江学校，协助开办沙村垦殖场，安置战区难民垦荒. 1938 年 7 月日军占领江西省马当和彭泽，浙大再度西迁至广西壮族自治区宜山. 在宜山办学一年多，1939 年 11 月广西南宁沦陷，战事紧张，浙大于 1940

年初翻山越岭，迁至贵州省遵义和湄潭. 历时两年多的颠沛流离，浙大终于找到了这块安静的土地，在此整整办学七年. 由于浙大在四次迁徙期间，精心组织安排，两千多箱图书和仪器几乎无损，而且还增购了一批. 竺可桢校长竭诚尽力，聘请了多位当时国内著名学者来浙大任教. 理学院更是名师云集，数学系有苏步青、陈建功等教授，理学院其他系有胡刚复、王淦昌、何增禄、束星北、谈家桢、贝时璋、卢鹤绂、罗宗洛等教授. 浙大实行教授治校，民主办学，形成了浓厚的学术气氛. 在贵州北部的小县城里，无丝竹之乱耳，无世俗之劳形，师生之间所谈所论，大都是如何提高学业，做出成绩，以服务社会，为国增光. 在八年国难时期，物资匮乏，生活艰苦，浙大却取得了教育和科研的辉煌成就，一跃而成为全国知名大学. 越民义先生适逢此机遇，成为贵州第一批进入浙大的学生.

1940 年暑假后，他从贵阳搭乘运货卡车来到遵义，办理了入学手续. 浙大的学费是一学年二十元法币（当时的货币），抗战时期通货膨胀，学费与物价相比已不算高，伙食费要自己出. 沦陷区的学生可以申请公费. 浙大本部设在遵义，理学院二年级以上学生在湄潭县，一年级学生则在永兴镇. 遵义到永兴有 95 公里. 清晨，他雇一挑夫挑着行李，从遵义徒步行走，直走到傍晚，在路边找个挂着灯笼，上写“未晚先投宿，鸡鸣早看天”的鸡毛小店住上一夜，一共要走两整天才到永兴. 数学系的新生宿舍分在江西会馆里，没有床，都睡地铺，七八人住一间屋，屋里有几张桌，供学习使用. 他领到一只木凳和一个小油灯,每个月领两斤灯油(菜油).当时湄潭没有电灯.学校伙食还可以,能够吃到米饭和青菜.浙大比当时在昆明的西南联大的伙食好得多.昆明是大城市,人口多,物价贵.他自小吃苦长大,对学校的生活环境很能适应.数学系一年级十几名学生,教室在一个庙里.学生没有教科书,上课要做笔记,每天晚上同学们相互对照笔记,以免遗漏.这也促进了同学之间的交流.抗战时期,师生的生活条件都很清苦,系主任苏步青先生一家住在一座小庙内,三间房住两家人,每月薪水用作买米外所剩已不多,苏先生自己种菜以补家用,夫人是日本人,每天去附近水井边提水、做饭、洗一家人的衣服.前线将士正在与日寇作战,学生能在后方安定地读书,生活要求都放低了,只要有饭吃,有书读,就感觉很满足.

浙大的规章制度十分严格.每学期开学上课一个多月以后,几乎每个星期都有一门课要考试.学生一学期如有三分之一的课程不及格,要留级;二分之一的课程不及格,就要除名退学.有些学生学习上有困难,跟不上班,为了能保留学籍,不得不选择中途休学一年.数学系学生在升入四年级前已凭自愿分为两个组:分析组(陈建功先生负责)和几何组(苏步青先生负责).四年级学生每周必须参加两次讨论班,一次是全体的,由老师主讲自己的论文,另一次是分组的,由学生轮流报告导师指定的书或论文,难度高于教材.两位老师仔细听讨论班上学生的报告,评定成绩,对于报告含糊不清或马虎者会当场严肃批评斥责,毫不客气.

1944年越民义先生除了体育外，顺利地修完了数学系四年的课程，成绩优秀. 大学的四年是他人生中的一次飞跃，这一段的学习生活给他留下了美好的回忆. 他至今依然深有感触地说："陈建功先生、苏步青先生抗战时期在湄潭尽管生活很艰苦，但他们全身心地投入教学和科研，满腔热情地指导学生学习，工作一贯认真. 他们成为学生的极好的榜样！"他又说："如今我能有点寸进，仰赖于大学四年中老师们的春风化雨和认真教学. 我对于自己的研究总是时刻保持清醒，时刻警惕是否有误. 即便如此，仍然常会发现缺点或失误，尤其是在问题错综复杂的时候."

因他有几次体育课缺课，结果他的体育课没有成绩，四年级学习结束未能拿到毕业文凭，当时他在贵阳高中找到了工作. 第二年，通过了体育课补测验，他才领到浙大毕业文凭. 随后就被陈建功先生留下作为浙大数学系的助教.

1945 年 8 月 15 日日本宣布无条件投降，抗日战争终获胜利. 1946 年 5 月浙大师生集中遵义，然后取道贵阳、长沙、汉口、上海，返回杭州. 越民义先生作为陈建功先生的助教，跟随陈先生研究函数论. 他在浙大数学系工作的近三年中对于函数级数和拉氏变换等问题做出了很好的成果.

1949 年初，国内战争烽火临近杭州，他离开浙大，返回家乡贵阳，在贵州大学数理系任讲师，教函数论和近世代数. 1949 年 10 月 1 日中华人民共和国成立，百废待兴. 华罗庚教授于 1950 年 3 月由美国返回祖国，在清华大学数学系任教授，并着手筹建中国科学院数学研究所. 陈建功和苏步青两位先生推荐越民义先生到数学研究所工作. 1951 年春寒料峭中，他举家北上，来到北京，从此在北京一直生活至今，超过了一个甲子. 他进入数学所后成为华先生在数学所最早的助手，开始研究解析数论. 随着数学研究所的研究人员的逐年增加，华先生的研究领域扩展为解析数论、代数和多复变函数，有三个讨论班. 华先生让他协助组织数论讨论班. 1957 年以前的几年中，在解析数论方面，越民义先生对于三维除数、三角和估计、丢番图不等式、无平方因子数等问题的研究均获得突出的成果.

越民义先生在 1957 年以前的十年间，先后受教于陈建功、苏步青和华罗庚三位数学大师，并在较长时间内做他们的助手，这是很难得的. 他领悟到三位大师的治学之道，这给他以后在国内开拓与发展运筹学奠定

了坚实的学术基础. 他常提及:华先生在讨论班上讲课非常认真,内容深入浅出,方法灵巧. 华先生特别重视创新,鼓励新的东西,看不上总是模仿,或紧跟前人. 在重视创新这一点,三位大师对越民义有很大的影响.

1949 年以前中国现代数学完全遵循欧美的模式,而且主要是研究纯粹数学. 20 世纪 50 年代,国内大学教育发展很快,数学系学生人数逐年增加.

数学系学生很希望了解:学习数学的目的和数学的用处. 这些问题影响了部分学生学习数学的积极性. 中国科学院数学研究所成立时人员很少,办公小楼在清华大学的校园内. 他还记得,1952 年数学所的人员曾参加过清华大学数学系师生组织的一次关于学习数学的目的和数学的用处是什么的讨论会,有些发言者情绪颇为激动,但是讨论会没有什么结果. 他觉得这的确是困扰中国大学数学系一些学生的一个问题.

为了适应社会主义经济建设和国防建设对科学技术的需求,1956 年国家制定了"科学技术 12 年发展规划". 数学要优先发展微分方程、计算数学和概率统计三个学科,这改变了我国数学发展的原有局面和数学队伍的组成. 1958 年夏中国数学界又掀起了一场关于数学理论联系实际的大讨论. 中国科学院数学研究所安排了很多研究人员到科技与生产单位去调查了解,寻找可以利用数学的问题,当时叫作"跑任务",所遇到的问题多与运筹学有关. 当时国内仅在中科院力学研究所有一个运筹学研究组. 为了发展国内这一新的应用数学分支,1959 年初,在华罗庚先生的支持下,数学研究所成立了运筹学研究室,分成排队论、图论与线性规划、博弈论三个研究组. 越民义先生立足于国家四个现代化的需要,遵从研究所领导的安排,毅然离开已经研究多年的数论,转入运筹学领域,负责排队论研究组. 排队论又称为“随机服务理论”,是研究各种排队系统的一类特殊的随机过程,在通信、交通、计算机等网络中有广泛的应用背景. 他带着两名工作不久的年轻人,对这个属于国内空白的分支边探索边学习. 一段时间之后,运筹学研究室里的其他高级研究人员陆续地离开,仍回到原来的研究室,回到原来的学科,唯有他坚持了下来,几番拼搏,研究工作扩展到运筹学多个方面,成为我国运筹学的开拓者和带头人.

1960 年“三年困难时期”开始,中央提倡:“劳逸结合”. 他和排队论组组员珍惜这个能专心做学问的机会,虽然大家吃不饱,还有人患浮肿,他们却夜以继日地进行研究工作,早上 8 点大家都到办公室. 除讨论班之外,他还经常安排组内相互交流彼此所考虑的问题,尤其重视新的问题的提出. 当时国际上排队论的研究热点是关于排队系统的瞬时概率性态问题. 1959 年越民义先生在国际上首先得到了 M/M/s 多服务员排队系统的瞬时概率分布,论文发表在《数学学报》(1959, 9,494 - 502). 在他的带领下,组员们在以后的几年内陆续解决了一些典型的排队系统的瞬时概率性态问题,如 GI/M/s,M/G/1,GI/G/1 等. 这些研究成果在十

多年后得到了国际数学界的高度评价. 1977 年美国纯粹数学和应用数学家访华代表团在所出版的报告 *Pure and Applied Mathematics in the P. R. China* 中称: "在应用数学方面, 中国在诸如排队论等领域已十分迅速地达到这些领域的前沿." 越民义和他一些组员的研究获得 1978 年全国科学大会成果奖和中国科学院重大成果奖. 这是后话.

1973 年后他联系了韩继业, 利用空闲时间, 私下探索运筹学的一个新分支"排序理论"(也称"调度理论"). 两人合作研究了多台机床流水作业最优加工次序问题. 1975 年他在第七届国际运筹学大会上报告了他们对于此问题得出的成果, 相关论文发表在《中国科学》(1975, 5, 452 - 470) 上.

20 世纪 70 年代末, 中国科技教育事业进入了一个春天. 华罗庚先生在 1979 年组建了中国科学院应用数学研究所, 并担任第一任所长, 越民义先生是三位副所长之一. 他面临迫切发展国内运筹学的重任.

运筹学是一门新兴的交叉学科, 它的发展过程表现出: 数学与计算机科学、管理科学、经济学、通信、交通以及军事科学等的结合. 社会需求促使运筹学不断发展. 鉴于十多年来发达国家的运筹学研究已有迅速发展, 以及 1976 年 10 月后国内不少高校的数学和经济管理等院系对运筹学的兴趣大增, 他把教育培养国内运筹学人才和提高工作水平作为自己在新时期的一个工作重点. 1980 年他在华先生的支持下, 成立了中国运筹学会(1991 年被批准为国家一级学会),华先生被选为第一任理事长,越民义为副理事长之一,1984 年他被选为第二任理事长. 1982 年他创办出版了国内第一个运筹学期刊《运筹学杂志》,1997 年更名为《运筹学学报》,他任主编多年. 他同时还担任《应用数学学报》的主编多年. 他与高校合作多次举办运筹学讲习班和学术会议,遍及北京、上海、武汉、成都、济南、曲阜、杭州、南宁等地,在国内迅速地传播运筹学知识,促进了运筹学的教学和科研工作. 目前在中国,运筹学的课程已成为大多数大学的数学系、计算机科学系、商学院和工学院的重要课程了. 多年来他也一直大力支持国内运筹学界积极从事应用性研究工作,他多次表示:社会需求是运筹学诞生和发展的本质因素. 多年的努力,运筹学在我国的经济建设和国防建设中已做出贡献,取得了良好的经济效益和社会效益.

1976 年以后他的研究领域扩展到连续最优化和组合最优化等分支,他对非线性规划、排序问题、装箱(bin - packing)问题、Steiner 树问题等均做出了国际一流水平的成果. 他和合作者的成果"最优化的理论及应用"获得 1981 年中科院科技成果一等奖,"最优化理论与算法"获得 1987 年中科院自然科学一等奖和国家自然科学三等奖. 2008 年他又获得中国运筹学会第一届科技一等奖.

越民义先生从事数学研究已逾七十年,由基础数学再到运筹学. 进入新的世纪以来,他积多年的体会和

思考,查阅了不少资料,写成《关于数学发展之我见》一文,文中写道:“在第二次世界大战结束之后,由于计算机的快速发展,大型工商业的兴起以及产品新陈代谢的加速,使得数学成为企业求生的一种必不可少的工具,一种新的数学开始了. ……高斯有一句座右铭:‘自然界是我的女神,为其定律服务是我的义务’. 高斯是数学史上的大数学家. 我对他的这句话的理解是:将数学应用于自然科学是他的职责. 在其所处的年代(1771 - 1855),由于除天文和物理之外,其他科学尚未发展起来,要使数学得到应用,自然科学当然成为首选. ……现在我们是否可以模仿高斯,也提出一句座右铭:‘为自然科学、生命科学、社会科学、管理科学以及生产技术等服务,将是我们的职责’. 当然,这并不是说,数学家是依附在别的学科上面工作的. 高斯的主要工作大部分是属于数学中的基础性和开创性部分. 当我们的工作与别的学科相结合,我们自然就会扩大视野,会产生一些新的数学概念、新的方法、新的结构,开拓和发扬数学的某些新领域”. 在文中他特别援引了著名数学家 J. von Neumann 的警言:“当数学学科走向远离其经验泉源或更远些时,当这门科学进入第二代、第三代,仅能依靠来自‘现实’的思想的间接的启迪时,它就会被很严重的困难所包围. 它变得越来越纯审美的,越来越纯粹地为艺术而艺术的. ……换句话说,在远离其经验泉源之后,在过于‘抽象’的内部繁殖之后,一个数学学科处于退化的危险之中. 不论怎

样,只要到了这个地步,我认为唯一的解决办法就是使之返老还童,回到其源,回到或多或少的直接经验的概念.我确信这样做是使这门学科保持新鲜的生命力的必要条件;这一点在未来仍然同样是正确的.”当前国际数学界,对数学与其他学科的交叉越来越推崇、重视,越民义的观点值得我们思考.

越民义先生还在从事运筹学研究的初期,就非常重视在青年学子中传播运筹学的知识.1958 年教育部安排高校教师可以来中科院进修.数学所接纳了一百多位进修教师,运筹学研究室有十多位来自西南、中南、东北、华北的教师,大都是大学才毕业一两年的年轻人.越民义先生指导他们学习排队理论、最优化.一些教师的数学基础知识较差,还需要补习大学的某些课程.他有求必应,不管是否是他分内的工作.到 20 世纪八九十年代,二三十年过去了,有时他遇见当时运筹学研究室的进修教师,他们无不怀念多年前在北京的学习和生活的情景,由衷感谢越民义先生当年的指导帮助.1976 年后国内运筹学队伍迅速扩大,但绝大多数新加入者需从头学起.他当时是运筹学会负责人,策划举办了多次运筹学讲习班和学术交流会.讲习班上他也是主讲人之一.慕名而来请教的人士很多,尤其是年轻人,他都是热心回答,尽其所知.他希望国内运筹学有更多的人才.

以上说的还不是他的正式弟子.他正式招收研究生是在 1976 年以前.1963 年他招收的第一届硕士研

究生是方开泰,毕业于北京大学数学力学系概率统计专业,是数学力学系的高才生. 方开泰跟随越先生研读排队理论(queueing theory),毕业后留在数学研究所,1966年至1976年参加了统计方法在全国的推广应用工作,遂转入数理统计学的研究,1986年成为研究员,1984－1992年曾任中科院应用数学研究所副所长,以后赴香港就职于浸会大学,任讲座教授,2008年获得国家自然科学二等奖. 越民义先生于1978年招收了1976年后的首届硕士研究生,从三百多名报考者中收了四名,他们学习的方向是非线性最优化,毕业后都去了美国攻读博士学位,回国后曾在中科院应用数学所工作,20世纪90年代先后去国外任职,其中孙捷是新加坡国立大学决策科学系教授,*Asia-Pacific Journal of Operations Research* 的主编;堵丁柱在1995年获得国家自然科学二等奖,目前是美国德克萨斯大学达拉斯分校计算机系教授,*Journal of Combinatorial Optimization* 的主编. 20世纪80年代越先生招收的研究生陈礴,后在荷兰得到博士学位,目前是英国华威大学(University of Warwick)商学院教授,是国际上关于排序理论的著名学者,2010－2014年被山东省聘为"泰山学者";江厚源在澳大利亚得到博士学位,目前是英国剑桥大学Judge商学院高级讲师,对于连续最优化的理论,以及应用运筹学与管理科学方面的收益管理、医疗保健、资源分配、契约(contract)理论等都有深入的研究. 可以说,八十年代他的研究生目前大都活跃在国外学术

界的前沿，九十年代他的研究生现在都已是国内运筹学的中坚力量和所在大学的运筹学学科带头人.

越民义先生带的研究生大都成为国内外学术界的杰出人才，这与他的精心指导是分不开的. 他认为：带好最优化和运筹学方面的研究生，重要的是培养他们对所学的数学概念、理论和研究方法有明确深入的理解、掌握并能够灵活应用和发挥，以及培养他们的严谨严密、一丝不苟的工作作风. 这将长久地影响他们以后的研究工作. 他说："年轻时学到的东西，只要是认真学习，它就会自然地融汇到自己的思想里，在工作中会无意识地发挥出来. 因此，每个人都应该是学习、工作、再学习、再工作，人生就应如此度过." 其次，他认为：相对于研究生所学的专业方向，他们还要具备适当宽度的数学基础知识，这有助于在以后的研究工作中开阔思路，他对于1976年后招收的第一届研究生，考虑到当时社会环境的影响，曾要求他们学习苏联教材：那汤松著的《实变函数论》（当时综合性大学数学系的教材），并做习题，以加深基础知识. 他常提到当他在浙江大学三、四年级和做助教的时候，陈建功先生对他的指导. 陈先生要求他仔细深入学习迪恩斯（Paul Dienes）著的 *Taylor Series* 一书的后半部分，此书是对19世纪后半叶和20世纪前半叶几位数学大师，如魏尔斯特拉斯、柯西、黎曼、阿达玛、哈代等人工作的一个总结，从中可以学到大师们研究工作的思想和处理问题的方法. 越民义说每当他在讨论班上做读书报告时，由于口音问题，陈建功先生总是坐在黑板跟前的藤椅上，整整四个小时仔细地听讲、提问、指点，非常认真，陈先生的敬业精神使他终生难忘. 他说："想起老师对

我的指导,我对待研究生常常感到内疚."

越先生还提出:对于运筹学科的研究生,在条件可能时,要注意接受解决实际问题的训练,参加应用性项目的研究,这也是学识和能力的一种提高.

斗转星移,2015 年越民义先生已逾九十五岁高龄.他依然精神矍铄,思维敏捷,身体健康;依然孜孜不倦地思考、研究问题.国内外熟悉他的同行、朋友无不钦佩他的"壮心不已"的精神.这既是由于他具有健康的体质,更由于他的思想中爱国敬业的巨大动力.

刘培杰

2020 年 1 月